高等职业教育通信类系列教材

U0277482

移动通信技术

主 编 李 影

副主编 杨柳青

参 编 牛飞虎 王洪安 梁玉帅

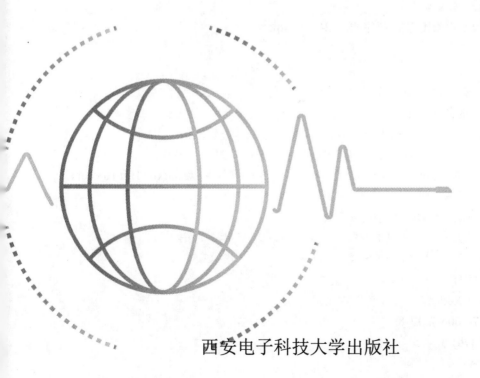

西安电子科技大学出版社

内 容 简 介

本书全面、系统地阐述了移动通信技术的相关内容。全书共 6 章，包括移动通信概述、无线电波传播理论及天线、移动通信的主要技术、4G 移动通信系统、5G 移动通信系统、6G 移动通信系统等内容。

本书在内容编排上注重理论与实践的紧密结合，书中每章均设有知识点、学习目标、技能训练、思考与练习，旨在帮助学生明确学习方向，巩固所学知识，培养分析问题和解决问题的能力。

本书可作为高等职业院校通信类及电子信息类专业学生的教材，也可作为移动通信及相关专业的工程技术人员的参考书。

图书在版编目（CIP）数据

移动通信技术 / 李影主编. -- 西安：西安电子科技大学出版社，2025.1. -- ISBN 978-7-5606-7513-8

Ⅰ. TN929.5

中国国家版本馆 CIP 数据核字第 202414E1J8 号

策　　划　秦志峰　刘玉芳
责任编辑　秦志峰
出版发行　西安电子科技大学出版社（西安市太白南路 2 号）
电　　话　（029）88202421　88201467　　　邮　　编　710071
网　　址　www.xduph.com　　　　　　　电子邮箱　xdupfxb001@163.com
经　　销　新华书店
印刷单位　陕西天意印务有限责任公司
版　　次　2025 年 1 月第 1 版　　　　　2025 年 1 月第 1 次印刷
开　　本　787 毫米×1092 毫米　1/16　　印　张　13.5
字　　数　315 千字
定　　价　39.00 元
ISBN 978-7-5606-7513-8
XDUP 7814001-1
*** 如有印装问题可调换 ***

前　言

移动通信技术是现代通信技术的重要组成部分，与人们的生活、工作、娱乐等密切相关。移动通信的发展经历了从简单的语音通信到复杂的数据通信、从低速率到高速率、从单一功能到多功能的演进过程。移动通信技术涵盖了组网技术、编码技术、调制技术、多址技术、抗衰落技术等。这些技术共同支撑着移动通信系统的稳定运行，提供了高质量的语音、数据和多媒体通信服务。

本书不仅深入浅出地讲解了移动通信技术的基本原理、关键技术演进及未来发展趋势，还紧密结合了当前行业的热点与技术前沿，如 6G 网络的架构设计、关键技术特性等，使读者能够全面把握移动通信技术的最新动态与未来发展方向。

本书采用"纸质教材＋数字课程"的形式，方便学习者快速且有效地学习理论知识。在内容编排上注重理论与实践的紧密结合，提供了六个技能训练项目，通过"学中做、做中学"的形式让学习者掌握移动通信技术的核心技能。书中附有二维码，扫描二维码即可观看相应知识点的视频资源，突破了传统课堂教学的时空限制。每章后面的思考与练习可帮助学习者明确学习方向，巩固所学知识，培养分析问题和解决问题的能力。

本书共 6 章，第 1、3 章由石家庄邮电职业技术学院的李影编写，第 2 章由李影和西安中兴精诚通讯有限公司的梁玉帅共同编写，第 4 章由李影和中国联通河北省分公司的王洪安共同编写，第 5 章由石家庄邮电职业技术学院的杨柳青编写，第 6 章由李影和河北唐讯信息技术股份有限公司的牛飞虎共同编写。石家庄邮电职业技术学院的张震强、姚美菱、庞瑞霞、何柳青、韩静、曲文敬等老师和南京柯姆威科技有限公司的彭永龙工程师也为本书的编写做出了贡献，在此表示衷心的感谢。本书编写过程中还参考了一些相关文献，在此对这些文献的作者也表示诚挚的感谢。

移动通信技术发展迅速，新技术、新标准层出不穷，而编者水平有限，书中难免存在不足之处，恳请广大读者不吝赐教，以使本书内容不断改进和完善。

编　者
2024 年 8 月

目　录

第 1 章 移动通信概述

知识点

(1) 移动通信的概念、特点、工作方式及发展趋势；
(2) 蜂窝移动通信的网络架构。

学习目标

(1) 掌握移动通信的概念、特点；
(2) 了解移动通信的工作方式；
(3) 熟悉蜂窝移动通信的网络架构；
(4) 了解移动通信的发展历程及发展趋势；
(5) 熟悉移动通信的标准化组织。

1.1 移动通信的概念及特点

1.1.1 移动通信的概念

移动通信是指通信的双方或至少一方可以在运动中进行信息传递和交换的通信方式。例如，固定点与移动体(车辆、船舶、飞机)之间、移动体与移动体之间、人与人之间以及人与移动体之间的通信，都属于移动通信的范畴。移动通信的主要目的是实现任何时间、任何地点和任何通信对象之间的通信。

移动通信的概念

相对于固定电话通信，移动通信有以下两个基本特点：

(1) 移动通信是无线的，它借助无线电波进行通信，无线信道的随机性和时变性给移动通信技术带来了巨大挑战。

(2) 移动通信的用户至少有一方处于运动状态中，这就要求移动通信网络能够对用户实现动态寻址。

1.1.2　移动通信的特点

由于移动通信是使用无线电波来传输信息的，而且移动终端又总是处在移动状态下接收、发射信号，因此移动通信的应用环境较差，极易受外界环境因素的影响。和固定电话通信相比，移动通信具有以下特点。

移动通信的特点

1. 移动通信利用无线电波进行信息传输

移动通信的信道是广阔空间中的电磁波，即把需要传播的信息调制在电磁波上来实现信息传输。电磁波在传播时不仅有直射信号，还会有反射、折射、绕射、散射、多普勒效应等现象，从而产生衰落、信号传播延迟和频率偏移等。因此，必须充分研究电磁波的传播特性，使移动通信系统具有足够的抗衰落能力。

电磁波这种传播媒质允许通信中的用户可以在一定范围内自由活动，其位置不受约束，但却需要移动电话网络能够对用户实现动态寻址。

这种用信道质量的不稳定性来换取用户移动性的特点，尽管失去了固定电话有线信道的稳定性和可靠性，通话质量和容量都会下降，但是用户能自由移动，收益还是略大于支出的。

2. 通信环境中存在十分复杂的干扰

移动终端在移动时，不仅受到环境中各种工业噪声和自然噪声的干扰，由于系统内有多个用户或信道，它们之间还会有互调干扰、同频干扰、邻道干扰等。这就要求系统能合理划分无线信道和进行频率的复用。

噪声和干扰

1) 噪声

噪声可分为内部噪声和外部噪声。

(1) 内部噪声主要指接收机本身的固有噪声，其主要来源是电阻的热噪声和电子器件的散弹噪声。选择低噪声器件是降低内部噪声的基本方法。

(2) 外部噪声分为自然噪声和人为噪声两种。

自然噪声主要有大气噪声、太阳噪声和银河噪声；人为噪声主要是指电气设备的噪声，如电力线噪声、工业电气噪声、汽车或其他发动机的点火噪声等。噪声来源不同，其频谱范围及强度也不同。因此，必须根据移动通信所使用的频段，分析具体情况下的主要噪声来源。在移动通信使用的频率范围内，自然噪声通常低于接收机的固有噪声，可忽略不计，仅需考虑人为噪声。

人为噪声多属于冲击性噪声，大量噪声混在一起形成了连续性噪声或连续性噪声叠加了冲击性噪声。城市中的各种噪声源比较集中，故城市的人为噪声比郊区大；大城市的人为噪声比中小城市的大。随着汽车数量的日益增多，汽车点火噪声已成为城市中人为噪声的主要来源。频谱分析表明，人为噪声的频谱较宽，而且噪声强度随频率的升高而下降。

2) 干扰

互调干扰是指两个或多个信号作用在通信设备的非线性器件上，产生与有用信号频率相近的频率，从而对通信系统构成干扰的现象。在移动通信系统中，发射机末级和接收机前端电路的非线性，造成了发射机互调和接收机互调。此外，在发射机强射频场的作用下，金属接触不良等非线性因素也会产生互调，称为外部互调。在实际组网时，应合理分配频率，合理布局，从频率分配和干扰信号强度上设法破坏构成互调干扰的条件。

同频干扰是指相同载频之间的干扰。在蜂窝移动通信系统中，为提高频率利用率，在相隔一定空间距离后会重复使用相同的频率，即同频复用。若频率管理或系统设计不当，就会造成同频干扰。这个问题可以通过合理布局基站站址，使同频复用的小区之间保持足够的距离，以及进行合理的设计和频道配置来予以解决。

邻道干扰是指相邻的或邻近的信道(或频道)之间的干扰。调频信号含有无穷多个边频分量，而频道间隔是有限的，当某些边频分量落入邻道接收机的通带内时，就会造成邻道干扰。一般有两种解决办法，一是严格限制调制信号的带宽；二是在发射机的电路里加入瞬时频偏控制电路和邻道干扰滤波器。

3. 可利用的频谱资源有限

频谱资源是有限的。在移动通信中，随着移动用户数量的不断增加，频谱资源将变得紧张。当前移动通信发展所遇到的最突出的问题，就是如何将有限的可用频率有秩序地提供给越来越多的用户使用而不相互干扰。

为解决这一矛盾，一方面要开发新的频段，另一方面要采用各种新技术和新措施，如缩小频道间隔、采用频率复用技术等，以提高频谱利用率。

4. 网络管理控制复杂

根据通信地区的不同需要，移动通信网络可以组成带状(如铁路、公路沿线)、面状(如覆盖某一城市或地区)或立体状(如地面通信设施与中低轨道卫星通信网络组成的综合系统)等，可以单网运行，也可以多网并行并实现互联互通。

因此，移动通信网络必须具备很强的管理和控制功能，如用户的登记和定位，通信(呼叫)链路的建立和拆除，信道的分配和管理，通信的计费、鉴权、安全和保密管理以及用户过境切换和漫游的控制等。

5. 移动终端必须适用于可变的移动环境

移动终端长期处于不固定位置状态，外界的影响很难预料，这就要求移动终端必须具有很强的适应能力，如性能稳定可靠、体积小、重量轻、省电、操作简单、携带方便等。车载移动终端和机载移动终端除要求操作简单和维修方便外，还应保证在震动、冲击、高低温变化等恶劣环境中正常工作。

1.2　移动通信的发展概况

移动通信自诞生以来，经历了从模拟到数字、从低速到高速、从单一功能到多功能的巨大飞跃。这一领域的发展不仅极大地改变了人们的通信方式，也为全球经济和社会进步注入了新的活力。

1.2.1　移动通信的发展历程

移动通信的发展经历了多个阶段，每个阶段都带来了技术的重大进步和用户体验的显著提升。

移动通信的发展历程

1. 第一代移动通信(1G)

20 世纪 70 年代，美国贝尔实验室提出了蜂窝网络的概念，移动通信技术由此进入蜂窝移动通信阶段。1G 在 20 世纪 70 年代末至 20 世纪 80 年代推出，采用模拟技术和频分多址(FDMA)技术，仅支持语音通信。其典型系统包括：

(1) 美国的 AMPS，即高级移动电话系统，是美国贝尔实验室于 1978 年研制出的第一个蜂窝移动通信系统，1983 年投入商用。其工作频段为 800 MHz，信道间隔为 30 kHz，采用 7 小区复用模式。

(2) 英国的 TACS，即全接入通信系统，是基于 AMPS 技术改进的，于 1985 年研制成功。其工作频段为 900 MHz，信道间隔为 25 kHz，采用 7 小区复用模式。TACS 主要在英国和部分欧洲及亚洲国家使用，我国 1G 主要采用的就是 TACS。

(3) 北欧的 NMT 系统，即北欧移动电话系统，是由北欧国家于 1981 年联合开发的世界上第一个具有跨国漫游功能的商用蜂窝系统。其工作频段为 450 MHz，信道间隔为 25 kHz，工作频段后来又扩至 900 MHz，信道间隔缩至 12.5 kHz，采用 9/12 小区复用模式。

> **里程碑事件：**
> • 1979 年，日本 NTT 公司推出了世界上第一个商用 1G 网络。
> • 1983 年，美国的 Ameritech 公司在芝加哥推出了第一个商用 1G 网络，采用 AMPS 标准。

尽管第一代模拟蜂窝移动通信的系统频谱利用率低、安全性差，不支持自动漫游、不能提供数据业务，但其为后续移动通信技术的发展铺平了道路，推动了全球移动通信的普及。

2. 第二代移动通信(2G)

从 20 世纪 80 年代中期开始，第二代数字蜂窝移动通信系统进入发展和成熟期。该系统采用数字调制技术和时分多址(TDMA)、码分多址(CDMA)等技术，其典型系统包括：

(1) 欧洲的 GSM 系统，即全球移动通信系统，采用微蜂窝小区结构。与第一代移动通信系统相比，GSM 系统频谱利用率高、系统容量大，安全性显著改善，引入了短信(SMS)和基本的数据服务，借鉴综合业务数字网(ISDN)和智能网技术定义了统一的网络结构，支持自动漫游。优越的综合性能，使 GSM 发展成为全球最大的蜂窝移动通信系统。

(2) 北美的 IS-95 CDMA 系统，即窄带 CDMA 系统，是美国高通公司于 1993 年提出的，采用码分多址(CDMA)的数字蜂窝移动通信系统。CDMA 具有较高的频谱利用率，能够支持更多的用户和更高的数据传输速率。

我国 2G 既采用了 GSM 系统，也采用了 IS-95 CDMA 系统。

> **里程碑事件：**
> - 1991 年，芬兰推出了世界上第一个商用 GSM 网络，标志着 2G 时代的开始。
> - 1993 年，美国推出了第一个商用 CDMA 网络。
> - 1996 年，世界上第一个 SMS 服务由芬兰的 Radiolinja 推出，短信开始成为广泛使用的通信方式。

从 1996 年开始，为解决中速数据传输问题，又出现了 2.5G 移动通信系统，如通用分组无线业务(GPRS)、无线应用通信协议(WAP)、蓝牙(Bluetooth)技术等。

第二代移动通信系统引入了数字信号传输技术，使通信更加可靠和稳定。除了语音通信外，还支持短信和一些基础的数据传输服务(如网页浏览)，但数据传输速度较慢。第二代移动通信系统开创了通信历史的新阶段，至 2002 年，全球移动用户数已经超过固定用户数，成为主流的通信方式。

3. 第三代移动通信(3G)

为满足高速率业务、高频谱利用率、大容量宽范围等通信技术的要求，20 世纪 80 年代中期，国际电信联盟(ITU)开始研究 3G 宽带移动通信系统，在 ITU 协调下以 IMT-2000 统一命名的 3G 系统有欧洲的 WCDMA、北美的 cdma2000 和中国提出的 TD-SCDMA 三种主要技术标准。

(1) WCDMA，即宽带码分多址接入，是一种基于 CDMA 技术的无线宽带技术，由第三代合作伙伴计划(3GPP)组织制定，代表厂商有爱立信、诺基亚和 NTT 等。其核心网是基于 GSM/GPRS 网络的演进，并与 GSM/GPRS 网络保持兼容。WCDMA 支持高速数据传输，最高速度可达到 384 kbit/s 甚至更高。此外，WCDMA 还具有更好的语音质量和更低的延迟，可以支持视频电话和互联网接入等高级服务。它采用软切换技术，可以实现无缝的网络切换，支持多用户同时传输数据。

(2) cdma2000，即多载波码分多址接入，由美国在 IS-95 标准基础上提出，由第三代合作伙伴计划 2(3GPP2)组织制定，代表厂商有高通、摩托罗拉、北方电讯、朗讯和三星电子等。其核心网是基于 ANSI-41 网络的演进，并与 ANSI-41 网络保持兼容。cdma2000 技术的优点主要体现在网络容量大、信号质量好、覆盖范围广、抗干扰能力强等方面。

(3) TD-SCDMA，即时分同步码分多址接入，由我国原邮电部电信科学技术研究院(大唐电信)提出，由 3GPP 组织制定，代表厂商为大唐电信和西门子。其核心网是基于 GSM/GPRS 网络的演进，并与 GSM/GPRS 网络保持兼容。TD-SCDMA 技术的优点包括频谱利用率高、对无线频率规划要求低、支持不对称数据业务等。

> **里程碑事件：**
> - 2001 年，日本 NTT DoCoMo 推出世界上第一个商用 3G 网络，采用 WCDMA 技术。
> - 2002 年，韩国和欧洲部分国家相继推出 3G 服务。

21 世纪初，3G 移动通信系统开始普及，采用宽带无线通信技术，支持高速数据传输(高速移动环境下支持 144 kbit/s 速率，步行和慢速移动环境下支持 384 kbit/s 速率，室内环境下支持 2 Mbit/s 速率)和更丰富的多媒体业务，如视频通话、移动互联网等。3G 技术的出现推动了移动通信技术的全面发展，也推动了移动互联网的崛起。

4. 第四代移动通信(4G)

4G 的研发始于 21 世纪初，旨在克服 3G 技术的限制，提供更快的数据传输速率和更好的用户体验。2008 年，国际电信联盟(ITU)发布了 IMT-Advanced 标准，为 4G 技术设定了性能目标。随后，LTE-A 和 WiMAX 成为实现 4G 目标的两个主要技术标准。

里程碑事件:

- 2009 年 12 月，电信运营商 TeliaSonera 在斯德哥尔摩(瑞典首都)和奥斯陆(挪威首都)推出了世界上第一个商用 4G 网络，采用 LTE 技术。
- 2010 年代，全球范围内 4G 网络迅速普及，成为移动通信的主流标准。

4G 采用 OFDM(正交频分复用)技术，具有更高的数据传输速率和更低的延迟，可支持更高质量的视频、音频和图像传输等业务。4G 网络极大地推动了移动互联网的普及，使得高速上网、视频通话和在线流媒体服务日常化。

5. 第五代移动通信(5G)

5G 的研发工作始于 2013 年。这一年，欧盟宣布拨款支持 5G 的研发，旨在制定出能在 2020 年推出的成熟标准。同时，中国的 IMT-2020(5G)推进组成立，以组织和协调国内的资源和技术参与国际合作，共同推动 5G 标准的发展。

随后，2014 年日本 NTT DoCoMo 与其他几家厂商合作开始了 5G 网络测试的工作。2016 年中国启动了 5G 技术研发试验，包括关键技术试验、技术方案验证和系统验证等多个阶段。到了 2017 年，3GPP 发布了 5G NR 的首发版本，这标志着首个完整的国际 5G 标准诞生。紧接着在 2018 年，3GPP 发布了 5G NR 的独立组网方案，进一步完善了 5G 标准。

里程碑事件:

- 2019 年，韩国成为世界上第一个 5G 商用的国家，紧随其后的是中国，也在同一年正式发放了 5G 商用牌照，拉开了 5G 商用的帷幕。
- 2020 年代，5G 网络在全球范围内逐步推广，成为移动通信的最新标准。

5G 技术的发展和部署对移动通信领域产生了深远的影响，它不仅提升了数据传输的速率和质量，也为各种新兴应用(如自动驾驶、远程医疗、虚拟现实等)奠定了基础。此外，5G 的发展还推动了新技术的创新，如网络切片、边缘计算等，这些技术将使网络更加灵活和高效，满足不同应用和服务的需求。

五种移动通信系统的主要技术参数如表 1-1 所示。

表 1-1 五种移动通信系统的主要技术参数

	1G	2G	3G	4G	5G
起始/部署日期	1970 年代/ 1980 年代	1980 年代/ 1990 年代	1990 年代/ 2000 年代	2000 年代/ 2010 年代	2015 年代/ 2020 年代
理论下载速度 (峰值)	2 kbit/s	384 kbit/s	2 Mbit/s	1 Gbit/s	10 Gbit/s
无线网络 往返延迟	N/A	600 ms	200 ms	10 ms	<1 ms
单用户体验 速率	N/A	N/A	440 kbit/s	10 Mbit/s	100 Mbit/s
标准	AMPS	TDMA/CDMA /GSM/EDGE/ GPRS/1xRTT	WCDMA/ cdma2000/ TD-SCDMA	LTE-FDD/ LTE-TDD/ WiMAX	5G NR
支持服务	模拟 (语音)	数字(语音、短 信、IP 包交换)	高质量数字 通信(音频、短 信、网络数据)	高速数字通 信(VoLTE、高 速网络数据)	eMBB、mMTC、 uRLLC
多址方式	FDMA	TDMA/CDMA	CDMA	OFDMA	OFDMA/NOMA/ MUSA/PDMA/ SCMA
信道编码	N/A	卷积	Turbo	Turbo	LDPC/Polar
核心网	PSTN(公共 交换电话网)	PSTN(公共交 换电话网)	PS-CS core	EPC (全 IP 分组网)	5GC(虚拟化、网络 切片、边缘计算)
天线技术	全向天线	60°/90°/120 ° 定向天线	±45° 双极化、 多频段天线	MIMO 天线	Massive MIMO 天 线(16T16R 以上)
单载波带宽	N/A	200 kHz	5 MHz	20 MHz	根据场景可变 (10～200 MHz)
数字调制技术 (最高)	N/A	GMSK/8PSK/ 16QAM	32QAM	256QAM	1024QAM

我国移动通信发展概况:

1987 年 11 月 18 日, 第一个 TACS 模拟蜂窝移动电话系统在广东省建成并投入商用。

1994 年 7 月 19 日, 中国第二家经营电信基本业务和增值业务的全国性国有大型电信企业——中国联合网络通信集团有限公司(简称中国联通)成立。

1994 年 12 月底，广东首先开通了 GSM 数字移动电话网。

1996 年，移动电话实现全国漫游，并开始提供国际漫游服务。

1997 年 7 月 17 日，中国第 1000 万个移动电话客户在江苏诞生。

1997 年底，北京、上海、西安、广州 4 个 CDMA 商用实验网先后建成开通，并实现了网间漫游。

1999 年 7 月 22 日，全球通移动电话号码升至 11 位。

2000 年 4 月 20 日，中国移动通信集团公司(简称中国移动)正式成立。

2001 年 7 月 9 日，中国移动通信 GPRS(2.5G)系统投入试商用。

2001 年 12 月 31 日，中国移动通信关闭 TACS 模拟移动电话网，停止经营移动电话业务。

2002 年 5 月，中国移动、中国联通实现短信互通互发。

2007 年 3 月 22 日，中国联通停止经营的无线寻呼业务包括全网(除上海市)198/199、126/127、128/129 等服务。

2009 年 1 月 7 日，工业和信息化部为中国移动、中国电信和中国联通发放第三代移动通信(3G)牌照。

2013 年 12 月 4 日，工业和信息化部向中国移动、中国电信和中国联通颁发"LTE/第四代数字蜂窝移动通信业务(TD-LTE)"经营许可。

2015 年 2 月 27 日，工业和信息化部向中国电信和中国联通发放"LTE/第四代数字蜂窝移动通信业务(LTE FDD)"经营许可。

2018 年 4 月 3 日，工业和信息化部向中国移动发放"LTE/第四代数字蜂窝移动通信业务(LTE FDD)"经营许可。

2019 年 6 月 6 日，工业和信息化部向中国电信、中国移动、中国联通、中国广电正式发放 5G 商用牌照。

1.2.2　移动通信的发展趋势

未来移动通信将向着更高速度、更低延迟、更广泛的技术融合等方向发展。

1. 向 6G 迈进

6G 是第六代移动通信的简称，是继 5G 之后的下一代移动通信技术。6G 的目标是在 5G 的基础上，实现更高的数据传输速率、更低的网络延迟、更广的覆盖范围、更强的连接能力、更智能的服务质量和更安全的信息保障。作为 5G 的延续，6G 网络将进一步使万物的连接延伸至智慧层面，达到"人-自然-智慧"的连接与融合，实现"智能泛在"。

6G 的典型场景包括沉浸式通信、海量通信、极高可靠低时延、AI 通信一体化、通信感知一体化、泛在连接。与 5G 的三大典型场景 eMBB、mMTC、uRLLC 相比，6G 的典型场景有了明显的增强和扩展，对行业极具挑战性。

历史上每一次移动通信技术的更新换代，在关键性能指标上都会有十倍到百倍的提升，包括峰值速率、体验速率、网络容量、时延、可靠性、移动性、连接密度等。6G 系统一方面需要满足某些特定场景下的极致需求，另一方面也要兼顾不同场景的多样化需求，保持可持续发展的道路。2023 年 6 月，ITU-R 发布了《IMT 面向 2030 及未来发展的框架和总体目标建议书》，在给出 6G 六大应用场景的同时提出了 15 个关键能力指标维度。这 15 个关键能力指标包括峰值速率(20～100 Gbit/s)、用户体验速率(100～300 Mbit/s)、频谱效率(1.5～3 倍)、区域业务容量(3～5 倍)、连接密度(106～108 个/km^2)、移动性(500～1000 km/h)、时延(0.1～1 ms)、可靠性(10^{-5}～10^{-7})、安全/隐私/弹性、覆盖能力/感知相关能力/AI 相关能力/可持续性/互操作性/定位能力(1～10 cm)。

科研机构和企业已经开始探索 6G 技术，预计 6G 将在 2030 年左右投入商用。

2. 更广泛的物联网(IoT)集成

随着 5G 技术的普及和成熟，预计更多的设备和应用会接入物联网，实现更加智能化和自动化的服务，带来更高效的资源管理，改善生活质量，并提高产业效率。

(1) 大规模增长和普及。随着生产生活不断向数字化和智能化迈进，物联网设备将呈现爆发式增长，物联网终端规模将不断扩大。这将推动物联网从支持人与人、人与物的连接，拓展到支持物物间的高效互联，构建智能全连接世界。

(2) 技术融合与创新。物联网将与人工智能、大数据、先进计算等新型信息技术交叉融合，实现感知、通信、算力、平台、智能、应用、管理、安全等关键基础能力的深度融合。这将推动物联网从"万物互联"向"万物智联"跃迁升级，实现全域数据打通和全场景融合应用。

(3) 感知能力升级。物联网将实现多维度、多领域、多粒度的感知能力，以太赫兹感知、无源传感、环境能量采集等技术为核心，不断提高感知精度和准确性，解决部署、供电等难题，增强融合感知能力，并实现感知能力泛在化。

(4) 通信能力提升。物联网将实现超低功耗、超低成本、免维护等通信能力，通过支持反向散射、环境能量采集、智能能耗管理等能力，降低或消除人工更换电池的维护成本，提高物联网连接规模和普及率。同时，新型工业无线等技术将满足复杂环境下、严苛场景中物联网交互的高可靠性要求。

(5) 算力网络发展。物联网将通过实时计算、泛在智能算力、智能异构算法等能力，推动物联网应用的智能化和算力成本的降低。算力网络的发展将实现低时延、高可靠、高安全、低能耗的计算服务，满足逐渐增长的节点数量以及异构设备的计算需求。

(6) 安全保障加强。随着物联网设备的增多和数据量的增长，物联网安全将面临更大的挑战。未来物联网将加强安全保障机制的建设，通过构建内生安全机制、增强设备安全能力协同等方式，有效提升网络安全与数字安全。

(7) 全球无缝覆盖。借助 6G 等新一代通信技术所构建的全球无缝覆盖的天地一体化网络，物联网将实现更广泛的覆盖范围和服务能力。这将消除移动通信覆盖盲点，助力物联网业务快速发展。

3. 边缘计算和云计算的融合

云计算是一种基于互联网的计算方式，它允许用户和企业通过网络访问共享的计算资源(如服务器、存储、应用程序等)。云计算的优势在于其可扩展性、灵活性和成本效益，使得用户无须购买和维护物理硬件即可获得所需的计算能力。

边缘计算则是一种分布式计算架构，旨在将数据处理任务从中心化的数据中心转移到网络边缘的近用户位置。这样做可以减少数据传输时间，降低延迟，提高应用性能。边缘计算特别适合于对实时性要求高的应用，如自动驾驶、工业自动化和物联网(IoT)等。

边缘计算和云计算的融合意味着将云的强大计算能力与边缘的快速响应能力结合起来，以实现更高效的数据处理和服务交付。这种融合可以在不牺牲性能的情况下，扩展服务能力，特别是在处理大量分布式数据时，能够提供更加灵活和高效的解决方案。

边缘计算和云计算的融合将进一步推动移动通信技术的发展，使得网络更加灵活、高效和智能。随着技术的进步，可以预见，越来越多的应用将从这种融合中受益，尤其是那些对时延敏感或需要在分布式环境中处理大量数据的应用。此外，这种融合还将促进新技术的发展，如边缘人工智能(AI)、机器学习(ML)在端侧的应用，为用户提供更加个性化、智能化的服务。

4. 增强现实(AR)和虚拟现实(VR)的融合

增强现实(AR)和虚拟现实(VR)的融合是移动通信未来发展的一个重要趋势，这种融合被认为是实现沉浸式体验和交互的关键。AR和VR技术的结合不仅能够提供更丰富和深入的用户体验，而且还能推动许多行业的创新和变革。以下是这一趋势的几个关键点：

(1) 增强现实(AR)技术通过在用户的实际视野中叠加数字信息或图像，来增强用户对现实世界的感知。这些信息可以是文字、图像、视频或3D模型，它们通过AR设备(如智能眼镜、智能手机或平板电脑)与现实世界融合，为用户提供增强的视觉体验。

(2) 与AR不同，虚拟现实(VR)技术创建了一个完全虚拟的环境，用户通过佩戴VR头盔等设备进入这个环境，与之互动。VR能够提供全面的沉浸式体验，使用户感觉自己被置于一个完全不同的虚拟世界中。

AR和VR的融合旨在结合两者的优势，创造出既可以与现实世界交互又能提供完全沉浸式体验的新型应用。未来，移动通信的高带宽和低时延特性将使得AR和VR技术能够实现更流畅的用户体验，AR和VR技术将得到更广泛的应用，特别是在游戏、教育、远程工作和医疗等领域。

 移动通信的分类

移动通信的分类

移动通信的分类方法很多，按不同方式有不同的分类方法。

1. 按使用环境分类

按使用环境分类，移动通信分为陆地移动通信、空中移动通信、海上移动通信。

(1) 陆地移动通信。陆地移动通信是指地面基站与陆地(包括河、湖等)上的移动物体(如人、车、船等)所携带(装载)的移动终端间的通信。其特点是由于移动终端的高度低，其电波的传播经常受到附近建筑物等的反射或遮挡。

(2) 空中移动通信。空中移动通信是指近地空间中的航空器(如飞机、飞艇等)上的移动终端与地面基站间的通信。其特点是两通信地点间一般没有反射和遮挡，接近自由空间。

(3) 海上移动通信。海上移动通信是指陆地上的基站与海洋移动船体上的电台间的通信。其特点是移动终端与基站间大部分为水面覆盖，存在海面反射。

2. 按使用对象分类

按使用对象分类，移动通信分为民用移动通信、军用移动通信。

(1) 民用移动通信。民用移动通信是一种用户终端移动、基站相对固定，应用于人们日常生活中的通信系统，如蜂窝移动通信。其特点是自由移动性强、终端间可实现无线通信、覆盖面宽及性价比较高。

(2) 军用移动通信。军用移动通信是一种用户终端移动、基站相对隐蔽或机动，应用于部队的通信系统。其特点是机动性能高、抗毁能力强、保密性好、技术复杂、价格昂贵。

3. 按服务范围分类

按服务范围分类，移动通信分为公用移动通信系统、专用移动通信系统。

1) 公用移动通信系统

公用移动通信系统是为广大人民提供移动通信服务的通信系统。其中，蜂窝移动通信系统作为公用移动通信系统，得到了最广泛的应用。

蜂窝移动通信系统是一种广泛应用于全球的无线通信技术，它通过将覆盖区域划分为多个称为"蜂窝"的小区域，以实现高效的频谱利用和支持大量用户的通信需求。这种设计允许同一频率在地理位置不相邻的蜂窝中重复使用，从而显著增加了系统的容量。

蜂窝移动通信系统主要由用户设备(User Equipment，UE)、基站、核心网组成，如图1-1 所示。

(1) 用户设备是指移动用户的终端设备，如智能手机、平板电脑等，能按指令选择信道、自动转换信道和调整发信功率。

(2) 基站作为用户设备和核心网之间的桥梁，可完成无线信号的发送和接收、呼叫管理和无线资源分配以及移动性管理。

(3) 核心网能完成交换功能和用户数据与移动性管理、安全性管理所需的数据库功能。

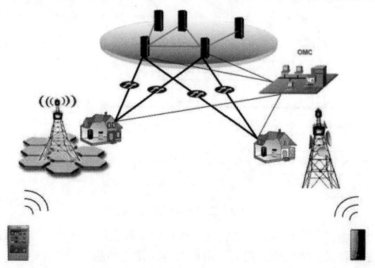

图 1-1　蜂窝移动通信系统组成

蜂窝移动通信系统的特点如下：

(1) 大容量和高覆盖率。蜂窝设计允许频率在不同地区重复使用，大幅提升了频谱的使用效率和网络容量。

(2) 支持大规模移动性。蜂窝网络设计支持用户在不同蜂窝间移动时，系统能够无缝进行呼叫转接，保证通信不中断。

(3) 很强的技术演进能力。蜂窝网络从 1G 发展到现在的 5G，每一代技术都在速率、延迟、容量和服务类型上有显著改进。

(4) 多样化的服务。蜂窝移动通信系统支持多种通信服务，包括语音通话、短消息、互联网接入、高清视频通话等。

(5) 复杂的网络管理。蜂窝网络需要复杂的网络管理和优化技术，以确保服务质量、高效的频谱利用和安全性。

2) 专用移动通信系统

专用移动通信系统是为了保证某些特殊部门的通信所建立的通信系统，包括卫星移动通信系统、集群移动通信系统。

(1) 卫星移动通信系统。卫星移动通信是指利用地球轨道上的人造卫星作为中继站，实现地球表面上的移动用户之间或移动用户与固定用户之间的通信。卫星接收来自地球站的信号，并将其放大和转发，覆盖大范围的地球表面，从而实现了长距离、广域覆盖的通信。

卫星移动通信系统包括空间段、用户段和地面段，如图 1-2 所示。

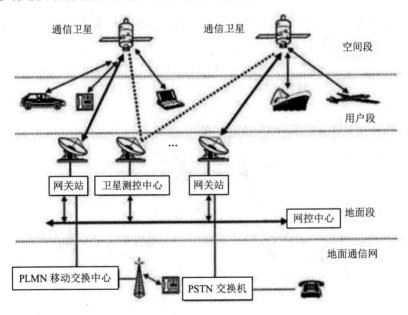

图 1-2　卫星移动通信系统组成

空间段一般由多个卫星组成，这些卫星根据轨道高度的不同，分为地球静止轨道卫星、中地球轨道卫星和低地球轨道卫星，在用户与网关站之间起中继作用。

用户段由各种用户终端组成，包括手持、车载、舰载、机载终端等。

地面段主要包括网关站、卫星测控中心和网络控制中心(简称网控中心)。网关站与地面 PSTN(公共交换电话网)、地面 PLMN(公共陆地移动网络)互联；网络控制中心控制整个卫星移动通信系统正常运行；卫星测控中心完成卫星星座的管理，负责保持、监视和管理卫星的轨道位置、姿态并控制卫星的星历等。

卫星移动通信系统的特点如下：

① 广域覆盖。卫星移动通信系统能够覆盖地球上大部分区域，包括偏远地区和海洋，特别适合提供全球或区域性的通信服务。

② 快速部署。对于灾难恢复和临时通信需求，卫星移动通信系统能够快速提供通信服务，不受地面基础设施的限制。

③ 高成本。卫星的发射和维护成本较高，导致了卫星通信服务的成本相对于地面通信网络较高。

④ 高延迟。由于卫星通信信号需要在卫星和地球站之间传输，特别是在使用地球静止轨道卫星时，会存在较高的信号传播延迟。

⑤ 易受天气影响。卫星信号在通过大气层时可能会受到天气条件(如雨衰减)的影响，尤其是在高频段上，影响更为明显。

卫星移动通信是地面移动通信的有效补充，在全球通信、远程教育、紧急响应、海上和航空通信等领域发挥着重要作用。随着技术的发展，如低轨道卫星网络的建设，卫星通信的成本正在逐渐降低，延迟和可靠性也在不断改进，卫星移动通信的应用领域将更加广泛。

卫星移动通信系统应用案例

天通一号卫星移动通信系统是中国自主研制建设的卫星移动通信系统，其研制历经了30 余年。在 20 世纪 90 年代初期，以童铠院士为代表的航天人提出：对于我国这样一个幅员辽阔、人口分布不均、自然灾害频发的大国来说，发展卫星移动通信是必然要求。在汶川地震发生时，所有地面通信系统瘫痪，仅靠租用的国外卫星电话链路保持与外界的沟通。汶川地震后，国家提出要建设自己的移动通信卫星，确保我国遭受严重自然灾害时的应急通信，填补国家军民用自主卫星移动通信服务的空白，自此天通一号的研制提上日程。

天通一号卫星移动通信系统由中国空间技术研究院自主研制，目前包括 3 颗卫星：

(1) 天通一号 01 星，于 2016 年 8 月 6 日 0 时 22 分在西昌卫星发射中心使用长征三号乙运载火箭成功发射。

(2) 天通一号 02 星，于 2020 年 11 月 12 日 23 时 59 分在西昌卫星发射中心用长征三号乙运载火箭，成功送入预定轨道。

(3) 天通一号 03 星，于 2021 年 1 月 20 日 0 时 25 分在西昌卫星发射中心用长征三号乙运载火箭，成功发射升空。其发射入轨后将与地面移动通信系统共同构成天地一体化移动通信网络，为中国及周边、中东、非洲等相关地区以及太平洋、印度洋大部分海域用户提供全天候、全天时、稳定可靠的话音、短消息和数据等移动通信服务。

天通一号卫星的技术指标与能力水平达到了国际第三代移动通信卫星水平。它的成功发射标志着我国正式进入地球同步轨道移动通信卫星俱乐部。

(2) 集群移动通信系统。集群移动通信系统是一种供单位、部门或行业内部使用的无线通信系统，可以为用户提供组呼、紧急呼叫、监听、优先呼叫等公用移动通信无法提供的特色业务，具备指挥调度功能，是保障应急通信的一种有效手段。集群移动通信利用了集群技术(Trunking)来管理频道资源。它将一组频道分配给一个用户群体，当用户需要通信时，系统自动从可用频道池中分配一个频道，通信结束后，该频道释放回频道池，供其他用户使用。

集群移动通信系统主要由调度中心、基站、移动台以及与市话网相连接的若干条中继线组成，如图 1-3 所示。

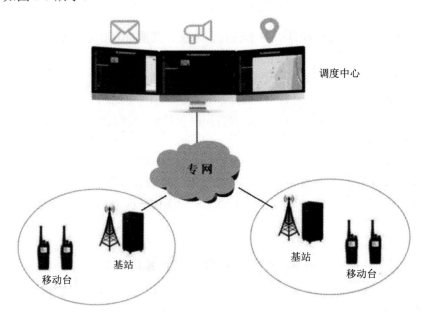

图 1-3　集群移动通信系统组成

调度中心负责协调和控制用户之间的通信，具有资源分配、优先级控制和网络监控等功能。基站负责将来自移动台的信号转发到调度中心，以及将调度中心的信号转发到相应的移动台。移动台是用户与集群系统互动的主要接口，通常是手持或车载的无线电终端。

集群移动通信系统的特点如下：

① 高效的频谱利用率。相较于传统的固定频道分配方式，通过共享频道，集群系统能更高效地利用有限的频谱资源。

② 灵活的呼叫管理。集群系统支持个呼、组呼和全呼等多种通信模式，适应不同的通信需求。

③ 优秀的扩展能力。随着用户数量的增加，集群系统通过增加基站和频道资源可以方便地扩展系统容量。

④ 适应多种应用场景。集群系统被广泛应用于公共安全(如警察、消防)、公共服务(如公交、出租车)和私有网络(如工厂、港口)等需要高效组织通信的场合。

⑤ 成本节约。对于需要大规模部署通信网络的组织来说，集群通信因其高效的频谱利用和灵活的调度能力，能够显著降低单位通信成本。

集群移动通信系统应用案例

(1) 1997 年 8 月 5 日，江苏电网 800 MHz 生产调度移动通信网工程在南京通过验收。

这是当年全国已建成的最大的电力移动通信网，也是当年亚洲最大的集群通信网。该工程全系统共有 13 个基站，覆盖全省除泰州、宿迁两个新建市以外的 11 个地级市城区，可在 11 个市实现全省自动漫游。该通信网的建设极大地提高了江苏电网的调度指挥效率，保障了电网的应急通信需求。

江苏电网 800 MHz 生产调度移动通信网的成功建设，不仅彰显了中国在集群移动通信技术应用方面的领先地位，也为全球电力系统的通信技术进步做出了贡献，为今后电力系统的信息化、智能化建设奠定了坚实的基础。

(2) 2022 年北京冬奥会期间，宽带数字集群移动通信系统有效保障了各领域、各部门的指挥调度需求，实现了信息通信的"零故障"。

• 赛事指挥调度：宽带数字集群系统为赛事组织者提供了一个高效的通信平台，确保了赛事的顺利进行。例如，在开闭幕式以及滑雪、冰球等比赛中，赛事组织者、技术人员和志愿者能够通过这个系统实时沟通，快速响应各种突发情况，确保赛事安排的精确执行。

• 安全保障：安全是大型国际赛事的首要任务。宽带数字集群通信系统在场馆安全监控、人群管理和紧急响应等方面提供了强大支持。例如，安保人员可以实时接收到视频监控中心的数据和图像，及时发现并处理安全隐患，确保观众和运动员的安全。

• 医疗救援：在医疗救援方面，这一系统保障了医疗团队之间的高效沟通。一旦发生紧急医疗情况，现场医疗人员可以通过宽带数字集群通信系统迅速与赛场附近的医院和救护车沟通，确保伤员能够得到及时有效的救治。

• 交通调度：考虑到冬奥会期间交通流量大、需求复杂，宽带数字集群通信系统在交通管理和调度中扮演了重要角色。交通管理部门能够利用此系统实时监控交通状况，调度交通资源，指导观众和运动员使用最佳路线，有效缓解交通压力。

• 志愿服务：志愿者是大型赛事成功举办的关键力量。通过宽带数字集群通信系统，志愿者们能够实时接收任务分配和工作指示，无论是在赛场内部，还是在交通枢纽、旅游景点等重点区域，都能高效协作，为运动员、媒体和观众提供优质服务。

1.4　移动通信的工作方式

移动通信的工作方式

按照通话的状态和频率的使用方法，移动通信的工作方式可分为单向通信方式和双向通信方式两大类别。

(1) 单向通信方式：在这种方式中，信息只能在一个方向上传输，接收方无法向发送方传递信息。这种方式常用于广播和电视传输。

(2) 双向通信方式：双向通信方式允许信息在两个方向上传输，根据是否能够同时发送和接收信息，又可以分为单工通信方式、半双工通信方式和双工通信方式三种。

1.4.1　单工通信

单工通信允许信息在两个方向上传输，但不能同时进行。通信的双方在某一时刻只能有一方发送信息、另一方接收信息，常用的对讲机就采用的是这种通信方式。单工通信根据通信双方使用的频率是否相同，又可分为单频(同频)单工和双频(异频)单工两种，如图 1-4 所示。

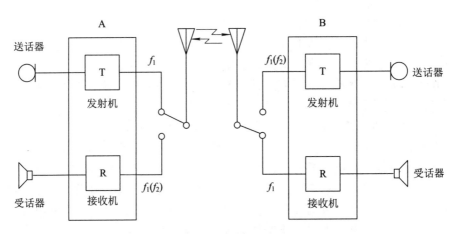

图 1-4　单工通信方式

1. 单频(同频)单工

单频(同频)是指通信的双方使用相同的工作频率 f_1，单工是指通信双方的操作采用"按-讲"(Push To Talk，PTT)方式。平时，双方的接收机均处于守听状态。如果 A 方需要发话，可按下 PTT 开关，发射机工作，并使 A 方接收机关闭，此时由于 B 方接收机处于守听状态，即可实现由 A 至 B 的通话；同理，也可实现由 B 至 A 的通话。在该方式中，电台的收、发信机是交替工作的，故收、发信机不需要使用天线共用器，而是使用同一副天线。

同频单工的移动台之间可直接通话，不需要基站转接，具有设备简单、功耗小等优点，但只适用于组建简单和甚小容量的通信网，当有两个以上移动台同时发射时会出现同频干扰，而且按键发话、松键受话的操作很不方便。

2. 双频(异频)单工

双频(异频)单工是指通信的双方使用两个频率 f_1 和 f_2，操作仍采用"按-讲"方式。由于收、发使用不同的频率，同一部电台的收、发信机可以交替工作，也可以收常开，只控制发，即按下 PTT 开关后发射机工作。

由于使用收、发频率有一定保护间隔的异频工作，提高了抗干扰能力，双频(异频)单工可用于组建有几个频道同时工作的通信网。

1.4.2　半双工通信

半双工通信是指通信的双方有一方(如 A 方)使用双工方式，即收、发信机同时工作，且使用两个不同的频率 f_1 和 f_2，另一方(如 B 方)则采用双频单工方式，即收、发信机交替工作，如图 1-5 所示。平时，B 方处于守听状态，仅在发话时才按下 PTT 开关，切断收信机，使发信机工作。

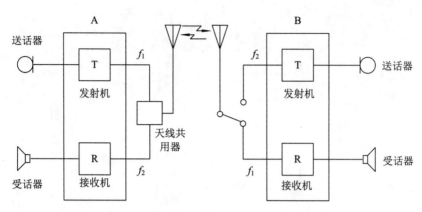

图 1-5　半双工通信方式

半双工通信的优点是设备简单、功耗小、克服了通话断断续续的现象，但操作仍不太方便。半双工通信主要用于专用移动通信系统中，如无线调度系统。

1.4.3　双工通信

双工通信指通信双方的收、发信机均同时工作，即任一方在发话的同时，也能收听到对方的语音，无须按 PTT 开关，操作方便，如图 1-6 所示。双工通信又可分为频分双工(FDD)和时分双工(TDD)两种。

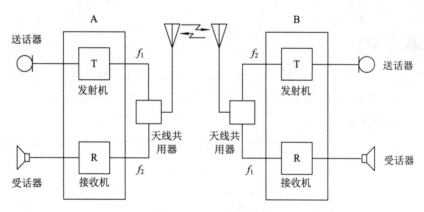

图 1-6　双工通信方式

采用 FDD 时，由于收、发频率不同，可大大减小干扰，但由于移动台在通话过程中总是处于发射状态，因而功耗大。

采用 TDD 时，上、下行信道使用相同的频率，但工作在不同的时隙内。其优点是通信系统无须占用两段频带且使用灵活方便，但是通信系统必须是时分多址接入系统。

 1.5 蜂窝移动通信的网络架构

蜂窝移动通信的网络架构可分为无线接入网、承载网、核心网三部分，如图 1-7 所示。

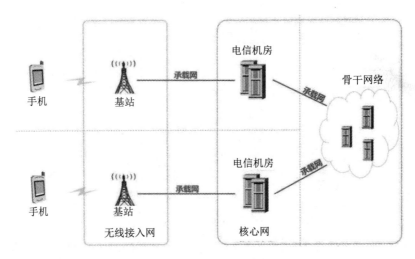

图 1-7   蜂窝移动通信的网络架构

(1) 无线接入网(Radio Access Network，RAN)用来把手机等用户终端通过无线的方式连接到蜂窝移动通信网络中。

(2) 承载网(Carrying Network)是基站和核心网设备之间的所有设备、线缆的集合，负责传送语音和数据业务。

(3) 核心网(Core Network，CN)处理系统内所有的语音呼叫和数据连接，并实现与外部网络的交换和路由功能。

1.5.1　无线接入网

虽然移动通信系统从 1G、2G、3G 一路走到现在的 4G、5G，经历了多次技术变革，但整个移动通信网络的逻辑架构并没有太大的改变，无线接入网也是如此。

1. 2G 无线接入网

2G 无线接入网主要包括基站收、发信台(BTS)和基站控制器(BSC)两个关键单元，如图 1-8 所示。

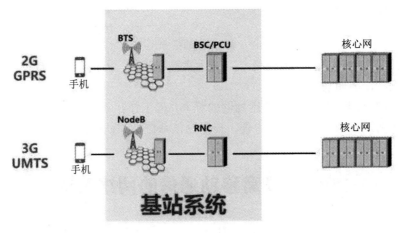

图 1-8   2G/3G 基站系统

BTS 是服务于某个小区的无线收、发信设备,由 BSC 控制,实现 BTS 与移动终端(如手机)之间通过空中接口的无线传输及相关的控制功能。

BSC 通过对 BTS 设备的控制管理,实现对无线接口资源的分配和管理功能。

2. 3G(UMTS)无线接入网

UTRAN(UMTS Terrestrial Radio Access Network,UMTS 的陆地无线接入网)不再包含 BTS 和 BSC,取而代之的是 NodeB 与 RNC,功能方面与之前保持一致,如图 1-8 所示。

NodeB 也称为基站,主要完成射频处理和基带处理两大类工作。

RNC(Radio Network Controller,无线网络控制器)主要负责控制和协调基站间的配合工作,完成系统接入控制、承载控制、移动性管理、宏分集合并、无线资源管理等功能。

3. 4G 无线接入网

4G 无线接入网只有 eNodeB 这一个关键单元,它包含了整个 NodeB 和部分 RNC 的功能,如图 1-9 所示。

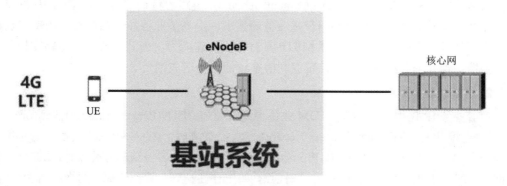

图 1-9　4G 基站系统

4. 5G 无线接入网

5G 无线接入网也只有 gNB(gNodeB)这一个关键单元,是依据 5G 标准新建的基站,负责与 UE 建立无线连接,同时负责 UE 和核心网之间的数据传输,如图 1-10 所示。

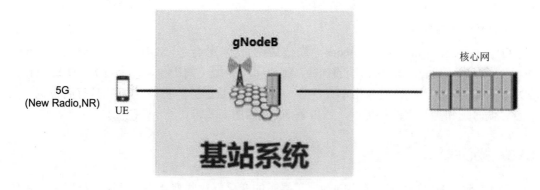

图 1-10　5G 基站系统

1.5.2　承载网

从 1G 到 5G，承载网经历了从低带宽到高带宽、从小规模到大规模的巨大变化。

1. SDH/MSTP 承载技术

SDH(Synchronous Digital Hierarchy，同步数字体系)是一种传统的电信承载技术，主要用于 2G 及早期 3G 网络。它通过同步复用的方式提供高可靠性和高质量的语音和数据传输。随着数据流量的爆炸性增长，SDH 逐渐暴露出带宽利用率较低和灵活性不足的局限性，特别是在面对高速数据传输需求时显得力不从心。

为满足小颗粒数据业务的接入，并保留 SDH 的优势，MSTP(Multi-Service Transport Platform，多业务传送平台)在 SDH 的基础上，在用户侧可以提供 TDM、SDH、以太网、POS 口、ATM(Asynchronous Transfer Mode，异步传输模式)接口。MSTP 的多业务承载能力使其成为 3G 时代向 4G 过渡期间的重要技术。

SDH 通过时隙映射、交叉连接等功能来满足业务的传送。MSTP 通过级联、虚级联、数据封装、LCAS(Link Capacity Adjustment Scheme，链路容量调整机制)，使 SDH 网络更具健壮性，同时满足不同时段不同带宽业务的需求，提高了业务质量和网络利用率。这两种技术都是基于刚性管道的，虽然 MSTP 具有分组处理能力，但其实质仍是电路交换，缺乏灵活性，当处于低业务负荷时，带宽利用率较低，会造成浪费。

2. 分组传送技术

随着业务 IP 化程度的加大，TDM 业务也逐渐萎缩。PTN(Packet Transport Network，分组传送网)和 IP RAN(IP Radio Access Network，基于 IP 的无线接入网)承载技术应运而生。

PTN 是一种基于 MPLS(Multi-Protocol Label Switching，多协议标签交换)技术的分组传送网络。PTN 继承了传统传送网的一些优点，如生存性良好、管理便捷、网络灵活性好等，同时具有对高突发业务的统计复用和动态控制等特点。

IP RAN 技术采用 IP 与 MPLS 技术的路由协议与信令协议，除了提供二层业务外，还可以广泛提供 IP/VPN 业务。

PTN 和 IP RAN 的优势是具有电信级以太网的统计复用和弹性管道的特点，能为业务实现 OAM(Operation Administration and Maintenance，操作维护管理)管理能力和 QoS(Quality of Service，服务质量)保障能力。在 4G 时代，是性价比较高的承载方式。

3. OTN 承载技术

OTN(Optical Transport Network，光传送网)技术融合了 SDH 和 WDM(Wavelength Division Multiplexing，波分复用)的优势，提供了一个统一的平台，以支持如 SDH、ATM、ODU(Optical Data Unit)，光数据单元信号、以太网等数据流的传输。OTN 具有高带宽、大容量、低时延和高可靠性等优点，适用于 5G 网络的高要求。

1.5.3　核心网

从 1G 到 5G，移动通信核心网经历了显著的变化，这些变化不仅体现在技术上，还体现在架构和功能上，表 1-2 给出了 1G 到 5G 核心网架构的特点。

表 1-2　1G 到 5G 核心网架构的特点

	核心网架构特点
1G	由模拟交换中心组成，仅支持语音通信；没有专门为数据设计的网络结构
2G	引入了数字交换中心；采用了较为中心化的架构；虽然数据服务(如 GPRS)被引入，但与传统的语音服务是分开的
3G	核心网进一步分为语音和数据两部分，开始尝试集成语音和数据服务，但仍然存在分离
4G	基于全 IP 的网络，包括移动性管理实体(MME)、服务网关(SGW)和 PDN 网关(PGW)。这些元素支持语音和数据服务的完全集成(如 VoLTE)，并提供更简化、高效的网络结构
5G	基于服务基础架构(SBA)，包括多个网络功能(NF)，如接入和移动性管理功能(AMF)、会话管理功能(SMF)、用户平面功能(UPF)等。5G 核心网支持网络切片和边缘计算，实现了更高度的自动化和灵活性

1. 2G 核心网

2G 移动通信系统的组网非常简单，核心网的网元主要包括 MSC(移动交换中心)、VLR(拜访位置寄存器)、HLR(归属位置寄存器)、AUC(鉴权中心)和 EIR(设备识别寄存器)，如图 1-11 所示。

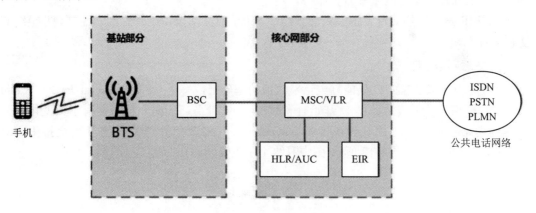

图 1-11　2G 网络架构

(1) MSC 能够实现移动用户寻呼接入、信道分配、呼叫接续、话务量控制、计费、基站管理等功能，还可实现 BSS(Base Station Subsystem，基站子系统)(BSS 包括 BTS 和 BSC)与 MSC 之间的切换和辅助性的无线资源管理、移动性管理等功能，并提供面向系统其他功能实体和面向固定网络(PSTN、ISDN 等)的接口功能。作为网络的核心，MSC 与网络其他部件协同工作，实现移动用户位置登记、越区切换和自动漫游、合法性检验及频道转接等功能。

MSC 处理用户呼叫所需的数据与 HLR、VLR 和 AUC 三个数据库有关，MSC 根据用户当前位置和状态信息更新数据库。

(2) VLR 是存储所有来访用户位置信息的数据库，为已经登记的移动用户提供建立呼叫接续的必要条件。一个 VLR 通常为一个 MSC 控制区服务。当移动用户漫游到新的 MSC

控制区时，它必须向该地区的 VLR 申请登记。VLR 要从该用户所属的 HLR 查询相关参数，为该用户分配一个新的漫游号码(MSRN)，并通知其 HLR 修改该用户的位置信息，准备为其他用户呼叫此移动用户提供路由信息。当移动用户从一个 VLR 服务区移动到另一个 VLR 服务区时，HLR 在修改该用户的位置信息后，还要通知原来的 VLR 删除此移动用户的位置信息。因此，VLR 可看作一个动态的数据库。

VLR 中存储两类信息：一类是本交换区的用户参数，该参数是从 HLR 中获得的；另一类是本交换区移动台的位置区标识(LAI)。

(3) HLR 是一个用来存储本地用户数据信息的数据库。在移动通信网中，可以设置一个或若干个 HLR，这取决于用户数量、设备容量和网络的组织结构等因素。每个用户都必须在某个 HLR(相当于该用户的原籍)中登记。登记的内容分为两类：一类是静态参数，如用户号码、移动设备号码、预定的业务类型及保密参数等；另一类是动态参数，如用户的漫游号码、VLR 号码、MSC 号码等，这些信息用于计费和用户漫游时的接续。这样可以保证当呼叫任一个不知处于哪一个地区的移动用户时，均可由该移动用户的 HLR 获知它当时处于哪一个地区，进而建立起通信链路。

(4) AUC 与 HLR 相关联，是为了防止非法用户接入移动网络而设置的安全措施。AUC 可以不断为用户提供一组参数，该组参数可视为与每个用户相关的数据。每次呼叫过程中可以检查系统提供的和用户响应的该组参数是否一致，以此来鉴别用户身份的合法性，从而只允许有权用户接入网络并获得服务。

(5) EIR 是存储移动台设备参数的数据库，用于对移动设备进行鉴别和监视，并拒绝非法移动台入网。

2. 2.5G 核心网

到了 2.5G，在之前 2G 只能打电话发短信的基础上，有了 GPRS(General Packet Radio Service，通用分组无线业务)，就开始有了数据(上网)业务。于是，核心网有了大变化，分成了处理语音业务的电路交换(Circuit Switching，CS)域和处理数据的分组交换(Packet Switching，PS)域，如图 1-12 所示(图中只给出了主要网元)。

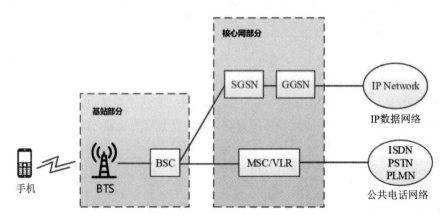

图 1-12　2.5G 网络架构

(1) SGSN(Serving GPRS Support Node，GPRS 服务支持结点)的主要功能是对移动终端进行鉴权和移动性管理，进行路由选择和数据转发，并进行计费和业务统计，类似于传统的 GSM 网络中的 MSC/VLR。

SGSN 建立移动终端到 GGSN 的传输通道，接收基站子系统透明传来的移动数据，进行协议转换后通过 GPRS 骨干网传送给 GGSN 或反向工作。

(2) GGSN(Gateway GPRS Support Node，GPRS 网关支持结点)是接入外部数据网络的结点，提供 GPRS 网络与外部分组数据网络之间的交互操作。其主要功能是路由选择和转发、移动性管理、边界网关等，支持与外部网络(IP 或 X.25)的透明和不透明连接。

GGSN 接收 SGSN 发送的数据，选择路由到相应的外部网络，或接收外部网络的数据，根据其地址选择 GPRS 网内的传输通道，传给相应的 SGSN。

3. 3G(UMTS)核心网

3G 核心网与原有 2.5G 的网络共用，无太大区别，但开始引入 IP 传输和软交换。网线、光纤开始大量投入使用，设备的外部接口和内部通信都开始围绕 IP 地址和端口号进行。同时，网元设备的功能开始细化，不再是一个设备集成多个功能，而是拆分开，各司其职。

4. 4G 核心网

4G 核心网完全基于分组交换，是一个 IP 网络，只存在 PS 域，对 CS 域业务的支持通过 PS 域完成。这种变化使得 4G 网络能够更高效地处理不同类型的业务。图 1-13 给出了 4G 核心网中的主要功能单元，包括 MME(Mobility Management Entity，移动性管理实体)、SGW(Serving Gateway，服务网关)、PGW(Packet Data Network Gateway，分组数据网关)，其他功能单元及其功能参见 4.2.1 小节。

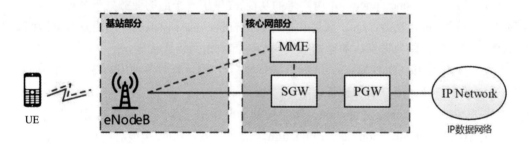

图 1-13　4G LTE 网络架构

(1) MME 完成原 3G 网络中 SGSN 网元的控制面功能，主要负责用户接入控制、业务承载控制、寻呼、切换控制等控制信令的处理。

(2) SGW 完成原 3G 网络中 SGSN 网元的用户面功能,主要负责在基站和 PGW 之间传输数据信息、为下行数据包提供缓存、基于用户的计费等功能。

(3) PGW 完成原 3G 网络中 GGSN 网元的功能，作为数据承载的锚点，提供包转发、包解析、合法侦听、基于业务的计费、业务的 QoS 控制，以及负责与非 3GPP 网络间的互联等功能。

5. 5G 核心网

5G 核心网采用的是 SBA(Service Based Architecture，基于服务的架构)，它把原来具有多个功能的整体，拆分为多个具有独自功能的个体，每个个体实现自己的微服务。这样的

变化会有一个明显的外部表现，就是网元大量增加了，如图 1-14 所示。其中，虚线内为 5G
核心网。

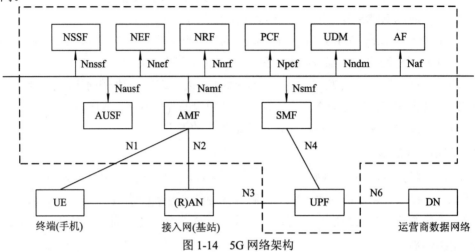

图 1-14　5G 网络架构

(1) AMF(Access and Mobility Management Function，接入和移动性管理功能)实现注册
管理、连接管理、移动性管理、用户可及性管理、参与鉴权和授权相关的管理等。

(2) SMF(Session Management Function，会话管理功能)负责会话建立过程中的 IP 地址
分配、选择和控制用户面、配置业务路由和 UP 流量引导、确定 SSC(Session and Service
Continuity，会话和服务连续性)模式、配置 UPF 的 QoS 策略等。

(3) UPF(User Plane Function，用户平面功能)提供用户平面的业务处理功能，包括业务
路由、包转发、锚定功能、QoS 映射和执行、上行链路的标识识别并路由到数据网络、下
行包缓存和下行链路数据到达的通知触发、与外部数据网络连接等。

(4) UDM(Unified Data Management，统一数据管理)负责对各种用户签约数据的管理、
用户鉴权数据管理、用户的标识管理等。

(5) PCF(Policy Control Function，策略控制功能)提供控制平面功能的策略规则。

(6) AUSF(Authentication Server Function，认证服务器功能)实现对用户的鉴权和认证。

(7) NEF(Network Exposure Function，网络开放功能)提供安全途径向 AF 暴露 3GPP 网
络功能的业务和能力，并提供安全途径让 AF 向 3GPP 网络功能提供信息。

(8) NSSF(Network Slice Selection Function，网络切片选择功能)根据 UE 的切片选择辅
助信息、签约信息等，确定 UE 允许接入的网络切片实例。

(9) NRF(NF Repository Function，网络存储功能)支持服务发现功能，可以使网络功能
(NF)相互发现并通过 API 接口通信。

(10) AF(Application Function，应用功能)与 3GPP 和核心网相互作用，提供一些应用影
响路由、策略控制、接入 NE 等功能。

这些网元看上去很多，实际上硬件都是在虚拟化平台里面虚拟出来的。这样一来，非
常容易扩容、缩容，也非常容易升级、割接，相互之间不会造成太大的影响。3G、4G、5G
核心网各功能单元的演进如图 1-15 所示。

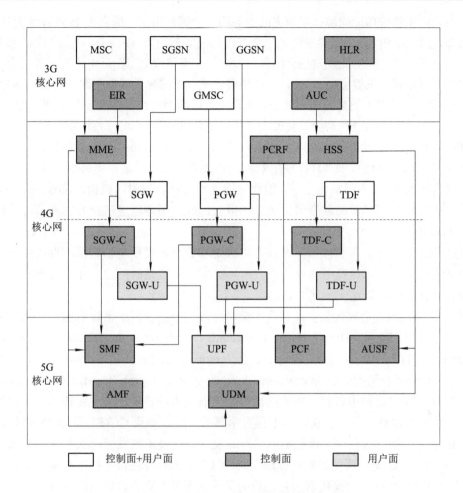

图 1-15 3G、4G、5G 核心网各功能单元的演进

　　为了更灵活地支持不断增长的数据流量，让核心网更具模块化和可扩展性，3GPP 在 Release 14 版本中提出了一种称为 CUPS(Control and User Plane Separation)的新架构，即 CP(控制面)与 UP(用户面)分离。在 CUPS 架构下，控制面和用户面可以独立扩展。基于 CUPS 架构，PGW 分离为 PGW-C 和 PGW-U，SGW 分离为 SGW-C 和 SGW-U。此外，TDF(Traffic Detection Function，流量检测功能)也被拆分为 TDF-C 和 TDF-U 两部分。

1.6　移动通信的标准化组织

　　移动通信的标准化组织包括国际电信联盟、第三代合作伙伴计划、中国通信标准化协会等。它们负责制定和推广一系列的技术标准和规范，以确保移动通信系统的兼容性、可靠性和安全性。

1. ITU

　　国际电信联盟(International Telecommunications Union，ITU)，以下简称电联，是世界各

国政府的电信主管部门之间协调电信方面事务的一个国际组织，成立于 1865 年 5 月 17 日。当时有 20 个国家的代表在巴黎签订了一个"国际电信公约"。1906 年，有 27 个国家的代表在柏林签订了一个"国际无线电报公约"。1924 年在巴黎成立了国际电话咨询委员会，1925 年成立了国际电报咨询委员会，1927 年在华盛顿成立了国际无线电咨询委员会。1932 年，70 多个国家的代表在西班牙马德里开会，决定把上述两个公约合并为一个"国际电信公约"，并将电报、电话、无线电咨询委员会改为"国际电信联盟"，此名一直沿用至现在。

ITU 现有 193 个成员国和 700 多个部门成员及部门准成员，总部设在日内瓦。我国由工业和信息化部派常驻代表。ITU 使用六种正式语言，即中、法、英、西、俄、阿拉伯文。ITU 是联合国的 15 个专门机构之一，但在法律上不是联合国附属机构，它的决议和活动不需联合国批准，但每年要向联合国提出工作报告，联合国办理电信业务的部门可以顾问身份参加 ITU 的一切大会。

ITU 的宗旨是维持和扩大国际合作，以改进和合理地使用电信资源；促进技术设施的发展及其有效运用，以提高电信业务的效率，扩大技术设施的用途，并尽量使公众普遍利用；协调各国行动，以达到上述的目的。

ITU 的原组织有全权代表会、行政大会、行政理事会和四个常设机构，即总秘书处、国际电报电话咨询委员会(International Consultative Committee on Telecommunications and Telegraph，CCITT)、国际无线电咨询委员会(International Radio Consultative Committee，CCIR)、国际频率登记委员会(International Frequency Registration Board，IFRB)。CCITT 和 CCIR 在 ITU 常设机构中占有很重要的地位，随着技术的进步，各种新技术、新业务不断涌现，它们相互渗透，相互交叉，已不再有明显的界限。如果 CCITT 和 CCIR 仍按原来的业务范围分工和划分研究组，已经不能准确地反映电信技术的发展现状和客观要求。1993 年 3 月 1 日，ITU 第一次世界电信标准大会(WTSC-93)在芬兰首都赫尔辛基隆重召开。这是继 1992 年 12 月 ITU 全权代表大会之后的又一次重要大会。ITU 的改革首先从机构上进行，对原有的三个机构 CCITT、CCIR、IFRB 进行了改组，取而代之的是电信标准部门(TSS，即 ITU-T)、无线电通信部门(RS，即 ITU-R)和电信发展部门(TDS，即 ITU-D)。

(1) ITU-T 是由原来的 CCITT 和 CCIR 从事标准化工作的部门合并而成的。其主要职责是完成电联有关电信标准方面的目标，即研究电信技术、操作和资费等问题，出版建议书，目的是在世界范围内实现电信标准化，包括在公共电信网上的无线电系统互连和为实现互连所应具备的性能。

(2) ITU-R 的核心工作是管理国际无线电频谱和卫星轨道资源。ITU-R 的主要任务包括制定无线电通信系统标准，确保有效使用无线电频谱，并开展有关无线电通信系统发展的研究。此外，ITU-R 从事有关减灾和救灾工作所需无线电通信系统发展的研究，具体内容由无线电通信研究组的工作计划予以涵盖。

(3) ITU-D 成立的目的在于帮助普及以公平、可持续和支付得起的方式获取信息通信技术(ICT)，将此作为促进和加快社会和经济发展的手段。ITU-D 的主要职责是鼓励发展中国家参与电联的研究工作，组织召开技术研讨会，使发展中国家了解电联的工作，尽快应用电联的研究成果；鼓励国际合作，向发展中国家提供技术援助，在发展中国家建设和完善通信网。

2. 3GPP

3GPP(the 3rd Generation Partnership Project，第三代合作伙伴计划)于 1998 年 12 月成立，是一个由欧洲的 ETSI、日本的 ARIB 和 TTC、韩国的 TTA 以及北美的 TIA 合作成立的通信标准化组织。中国的 CWTS 于 1999 年加入 3GPP，印度的 TSDSI 于 2015 年加入 3GPP。中国通信标准化协会(CCSA)成立后，CWTS 在 3GPP 的组织名称更名为 CCSA。

3GPP 最初的工作范围是为基于演进的 GSM 核心网络及其支持的无线电接入技术(即通用陆地无线电接入(UTRA)，频分双工(FDD)和时分双工(TDD)模式)的 3G 移动系统制定全球适用的技术规范和技术报告。随后进行了修订，包括为演进的 3GPP 技术和后 3G 技术进行技术规范和技术报告的维护和开发。

3GPP 规范涵盖了蜂窝移动通信技术，包括无线接入、核心网络和服务能力，为移动通信提供了一个完整的系统描述。3GPP 规范还为非无线电接入到核心网络提供了接口，并支持与非 3GPP 网络的互操作。

3GPP 的组织机构分为项目合作部(Project Coordination Group，PCG)和技术规范部(Technical Specification Group，TSG)两大职能部门。PCG 是 3GPP 的最高管理机构，由 3GPP 的组织成员代表组成，负责全面协调和指导 3GPP 的工作。TSG 是负责技术规范制定的部门，主要工作是开发和维护技术标准。TSG 在 PCG 的指导下工作，确保技术发展符合 3GPP 的整体战略和目标。3GPP 有三个主要的 TSG，每个 TSG 负责不同的技术领域。

(1) 无线接入网技术规范小组(TSG RAN)：负责制定无线接入技术的标准，如无线电技术、无线网络架构等。

(2) 服务和系统方面技术规范小组(TSG SA)：负责制定系统架构和服务方面的标准，包括网络功能、服务质量和系统互操作性等。

(3) 无线电接口和物理层技术规范小组(TSG CT)：负责制定核心网络方面的技术标准，包括数据传输、信令处理和移动性管理等。

3. 3GPP2

3GPP2(the 3rd Generation Partnership Project 2，第三代合作伙伴计划 2)于 1999 年 1 月成立，由北美的 TIA、日本的 ARIB 和 TTC、韩国的 TTA 四个标准化组织发起，主要负责制定基于 ANSI-41 核心网和 cdma2000 无线接口的第三代移动通信技术规范。3GPP 和 3GPP2 两者实际上存在一定竞争关系，3GPP2 致力于从 IS-95(一种早期的 CDMA 标准)向 3G 过渡。

3GPP2 下设 4 个技术规范工作组，各自负责不同的技术领域，并且发布的标准具有独立的编号系统。

(1) TSG-A(无线接入网络技术规范小组)负责制定无线接入技术标准。

(2) TSG-C(核心网络技术规范小组)专注于核心网络技术。

(3) TSG-S(服务与系统方面技术规范小组)处理系统级的标准和服务。

(4) TSG-X(网络互操作性技术规范小组)负责确保不同网络之间的兼容性和互操作性。

这些工作组向项目指导委员会(Steering Committee，SC)报告本工作组的工作进展情况。SC 负责管理和协调整个项目的进展，确保各工作组的工作协调一致。

随着 4G LTE 技术的普及，3GPP2 的影响逐渐减弱。许多原先支持 cdma2000 标准的运营商和地区逐步转向了 3GPP 制定的 LTE 和后续的 5G 技术。如今，3GPP 制定的标准(尤其是 LTE 和 5G)已成为全球移动通信行业的主导技术。

4. CCSA

中国通信标准化协会(China Communications Standards Association，CCSA)于 2002 年 12 月 18 日在北京正式成立。该协会是国内企、事业单位自愿联合组织起来，经业务主管部门批准，国家社团登记管理机关登记，开展通信技术领域标准化活动的非营利性法人社会团体。CCSA 采用单位会员制，广泛吸纳科研单位、技术开发单位、设计单位、产品制造企业、通信运营企业、高等院校、社团组织等参加。

CCSA 的主要任务是为了更好地开展通信标准研究工作，把通信运营企业、制造企业、研究单位、高等院校等关心标准的企事业单位组织起来，按照公平、公正、公开的原则制定标准，进行标准的协调、把关，把高技术、高水平、高质量的标准推荐给政府，把具有我国自主知识产权的标准推向世界，支撑我国的通信产业，为世界通信作出贡献。目前，CCSA 是 ITU 主动接纳为 ITU-T 建议 A.5 和建议 A.6 认可的国家或地区性标准化组织；参与发起了 3GPP 等国际标准化伙伴组织；是全球标准合作组织(GSC)伙伴组织之一；CCSA 与日本、韩国标准化组织建立了交流合作机制，定期开展中日韩(CJK)IT 标准信息交流活动。

1.7　技能训练——认识基站

1. 背景资料

基站即公用移动通信基站，它是一种无线电台站，负责在特定的地理范围内通过无线电信号与移动设备相连。基站的主要功能是为 UE 提供一个接入点，使其能够访问公共移动通信网络(如 LTE、5G)和服务。根据 3GPP 制定的规则，无线基站按照功能可划分为四大类，分别为宏基站、微基站、皮基站和飞基站。这四种基站的区别如表 1-3 所示。

表 1-3　四种基站的区别

类 型			单载波发射功率 (20 MHz 带宽)	覆盖能力 (覆盖半径)
名称	英文名	别称		
宏基站	Macro Site	宏站	10 W 以上	200 m 以上
微基站	Micro Site	微站	500 mW～10 W	50～200 m
皮基站	Pico Site	微微站、企业级小基站	100 mW～500 mW	20～50 m
飞基站	Femto Site	毫微微站、家庭级小基站	100 mW 以下	10～20 m

(1) 宏基站是架设在铁塔上的基站，体型很大，承载的用户数量很大，覆盖面积很广，一般都能达到数十千米，一般在建网初期采用。由于宏基站的天线做得很高，小区的覆盖半径较大，基站之间的间距很大，因此，容易在覆盖区域内形成"盲区"(电磁波在传播过

程中遇到障碍物而引起的阴影区域)和"忙区"(由于小区内话务分布不均匀，从而形成若干业务特别繁忙的地区)，可以采用微基站和微微基站的技术予以解决。

(2) 微基站通常指在楼宇中或密集区安装的小型基站，这种基站的体积小、覆盖面积小，承载的用户量比较少。由于室外条件恶劣，这种基站的可靠性远不如宏基站，维护起来比较麻烦。

(3) 皮基站即比前两者更小的基站。

(4) 飞基站是四种基站中最小型的基站，作为家庭基站使用，由家庭宽带接入。

扇区是物理概念，表示一根天线波瓣的覆盖范围，常用基站扇区配置如表 1-4 所示。定向扇区用 S(Sectorized)代表，全向扇区用 O(Omni-directional)代表。

(1) S1/1/1 代表三个扇区各配置 1 载频；S3/3/3 代表三个扇区各配置 3 载频。

(2) O1 代表一个全向 1 载频配置的基站；O3 代表一个全向 3 载频配置的基站。

表 1-4 基站扇区配置

基站扇区配置	适 用 原 则	典型使用区域
全向站	主要解决信号覆盖，针对较为平坦、话务量较低的区域	农村地区
单扇区/两扇区	主要解决信号覆盖，针对有明确覆盖需求或话务量的区域	高速公路、室内覆盖
三扇区	主要承载话务，同时解决信号覆盖，针对话务量比较集中的区域	一般城区、密集城区、郊区

2. 实验内容

试观察身边的基站，把观察到的基站设备拍照，并进行功能介绍，以 Word 文档形式提交到智慧职教 MOOC《移动通信技术》第 5 章的第 5 节实训环节。课程链接为 https://mooc.icve.com.cn/cms/courseDetails/index.htm?classId=32b0b89c665e1680eaf3f64b1d3554e9。

思 考 与 练 习

1. 填空题

(1) 移动通信系统中存在的干扰包括＿＿＿＿干扰、＿＿＿＿干扰、＿＿＿＿干扰等。

(2) 按照通话的状态和频率的使用方法，可将移动通信的工作方式分为＿＿＿＿通信方式和＿＿＿＿通信方式两大类别。

(3) 蜂窝移动通信网络架构可分为＿＿＿＿网、＿＿＿＿网、＿＿＿＿网三部分。

(4) 移动通信的工作方式可分为＿＿＿＿通信方式和＿＿＿＿通信方式，后者又分为＿＿＿＿方式、＿＿＿＿方式和＿＿＿＿通信方式。

(5) 蜂窝移动通信系统主要由用户设备、＿＿＿＿、＿＿＿＿组成。

2. 单项选择题

(1) ITU 负责管理国际无线电频谱和卫星轨道资源的部门是(　　)。

A. ITU-T   B. ITU-R

C. ITU-D   D. IFRB

(2) 在移动通信的工作方式中，需要天线共用装置的是(　　)。

A. 半双工   B. 同频单工

C. 异频单工   D. 时分双工

(3) 相同载频电台之间的干扰称为(　　)。

A. 邻道干扰   B. 同频干扰

C. 互调干扰   D. 远近效应

3. 简答题

(1) 简述移动通信的特点。

(2) 解释移动通信中的双工通信方式，并举例说明。

第 2 章 无线电波传播理论及天线

知识点

(1) 无线电波频段划分；
(2) 无线电波传播方式及其传播特性；
(3) 天线的原理及性能指标。

学习目标

(1) 熟悉移动通信使用的频率；
(2) 了解无线电波传播方式；
(3) 掌握无线电波传播特性；
(4) 熟悉天线的工作原理。

2.1 无线电波传播概述

无线电波频段划分

　　无线电波是指频率从几十赫兹到 3000 GHz 频谱范围内的电磁波。无线电波传播是指发射天线或自然辐射源所辐射的无线电波在媒质(如地表、地球大气层或宇宙空间等)中的传播过程。

2.1.1 无线电波频段的划分

　　无线电波频段的划分如表 2-1 所示。从表中可以看出，无线电波的频率范围从极长波的 30 Hz 以下到亚毫米波的 3000 GHz，波长的范围从 10^4 km 到 0.1 mm。在如此宽的频率范围内，电波的传播特性会发生很大的变化，相应地会有不同的传播形式。

表 2-1 无线电波频段的划分

波 段 名		波长 λ	频率 f	频段名
亚毫米波(Sub-mm)		0.1～1 mm	3000～300 GHz	—
毫米波	微波 (Micro Wave)	1～10 mm	300～30 GHz	EHF 极高频
厘米波		1～10 cm	30～3 GHz	SHF 超高频
分米波		10～100 cm	3000～300 MHz	UHF 特高频
超短波(Metric Wave)		1～10 m	300～30 MHz	VHF 甚高频
短波(SW)		10～100 m	30～3 MHz	HF 高频
中波(MW)		100～1000 m	3000～300 kHz	MF 中频
长波(LW)		1～10 km	300～30 kHz	LF 低频
甚长波		10～100 km	30～3 kHz	VLF 甚低频
特长波		100～1000 km	3000～300 Hz	ULF 特低频
超长波		10^3～10^4 km	300～30 Hz	SLF 超低频
极长波		10^4 km 以上	30 Hz 以下	ELF 极低频

2.1.2 移动通信使用的频率

频率是一种有限的特殊资源，为使有限的资源得到充分的利用，国际上以及各个国家都设有权威的机构来加强对无线电频谱资源的管理，按无线电业务进行频率的划分和配置。

把某一频段供某一种或多种地面或空间业务在规定的条件下使用的规定，称为"频率配置"。ITU 以及各个国家无线电主管部门为移动业务划分和分配了多个频段，涵盖了从低频到极高频的广泛范围，一些常用的移动通信频段如表 2-2 所示，这些频段在全球范围内被广泛使用。

表 2-2 一些常用的移动通信频段

频 段 名 称	频 率 范 围	备 注
低频(LF)	30～300 kHz	通常用于特殊应用，如海底通信
中频(MF)	300 kHz～3 MHz	通常用于 AM 广播
高频(HF)	3～30 MHz	短波广播、业余无线电等
甚高频(VHF)	30～300 MHz	FM 广播、电视广播、业余无线电
特高频(UHF)	300 MHz～3 GHz	移动通信、卫星通信、无线局域网
超高频(SHF)	3～30 GHz	4G 通信、5G 通信、雷达、卫星通信
极高频(EHF)	30～300 GHz	预期用于 6G 通信、太赫兹技术

我国四大运营商中国移动通信集团有限公司(以下简称中国移动)、中国联合网络通信集团有限公司(以下简称中国联通)、中国电信集团有限公司(以下简称中国电信)、中国广播电视网络集团有限公司(以下简称中国广电)用于蜂窝移动通信的频段安排如表 2-3、表 2-4、表 2-5 所示。

1. 中国移动

中国移动 2G/3G/4G/5G 工作频率以及网络制式如表 2-3 所示。

表 2-3　中国移动 2G/3G/4G/5G 工作频率以及网络制式

频率			带宽	合计带宽	网络制式
频段	频率范围				
900 MHz (Band8)	上行 889～904 MHz	下行 934～949 MHz	15 MHz	TDD 频段: 355 MHz FDD 频段: 40 MHz	2G/NB-IoT/4G
1800 MHz (Band3)	上行 1710～1735 MHz	下行 1805～1830 MHz	25 MHz		2G/4G
2 GHz (Band34)	2010～2025 MHz		15 MHz		3G/4G
1.9 GHz (Band39)	1880～1920 MHz,实际使用 1885～1915 MHz,腾退 1880～1885 MHz 给中国电信		30 MHz		4G
2.3 GHz (Band40)	2320～2370 MHz,仅用于室内		50 MHz		4G
2.6 GHz (Band41,n41)	2515～2675 MHz		160 MHz		4G/5G
4.9 GHz (n79)	4800～4900 MHz		100 MHz		5G

(1) 中国移动 900 MHz(Band8):890～909/935～954 MHz 最初获批用于部署 GSM,为 2G 频段,现用于 GSM、NB-IoT、LTE FDD。其中,GSM 和 NB-IoT 使用 894～904/939～949 MHz(10 MHz),LTE FDD 使用 889～894/934～939 MHz(5 MHz),原 904～909 MHz/949～954 MHz 让给中国联通。Band8 是中国移动 4G 打底频段。

(2) 中国移动 1800 MHz(Band3):1710～1735/1805～1830 MHz 最初获批用于部署 GSM,为 2G 频段,现用于 GSM、LTE FDD。GSM 使用 1730～1735/1825～1830 MHz(5 MHz),LTE FDD 使用 1710～1730/1805～1825 MHz(20 MHz)。Band3 是中国移动 4G 重要频段,5G NSA 组网的锚点频段。

(3) 中国移动 2 GHz(Band34):2010～2025 MHz,也称为 A 频段,最初获批用于部署 TD-SCDMA,为 3G 频段。现大部分 TD-SCDMA 已退网,部分地区重耕用于部署 TD-LTE,进行补热。

(4) 中国移动 1.9 GHz(Band39):1880～1920 MHz,也称为 F 频段,最初用于部署 TD-SCDMA/TD-LTE,为 3G/4G 频段,现用于部署 TD-LTE。实际部署 TD-LTE 使用 1885～

1915 MHz，1880～1885 MHz 腾退给中国电信。Band39 是中国移动 4G 广覆盖频段，5G NSA 组网的锚点频段。

(5) 中国移动 2.3 GHz(Band40)：2320～2370 MHz，也称为 E 频段，最初获批用于部署 TD-LTE，但仅用于室内，为 4G 频段，是移动 4G 室内覆盖主要频段。

(6) 中国移动 2.6 GHz(Band41，n41)：2515～2675 MHz，也称为 D 频段，最初中国移动获批 2575～2635 MHz(60 MHz)，用于部署 TD-LTE。2018 年底，中国移动获批 2515～2575 MHz(60 MHz)，2635～2675 MHz(40 MHz)，加上之前的 2575～2635 MHz(60 MHz)，中国移动拥有 2515～2675 MHz 连续 160 MHz 频段。当前 2515～2615 MHz(100 MHz)用于部署 5G，2575～2635(60 MHz)用于部署 TD-LTE，未来计划将 TD-LTE 迁移到 2615～2675 MHz。Band41 是移动 4G 重要频段，n41 是中国移动 5G 广覆盖频段。

(7) 中国移动 4.9 GHz(n79)：4800～4900 MHz，5G 频段，当前暂未大规模部署使用，用于 5G 补热、专网等。

2. 中国联通

中国联通 2G/3G/4G/5G 工作频率以及网络制式如表 2-4 所示。

表 2-4   中国联通 2G/3G/4G/5G 工作频率以及网络制式

频率			带宽	合计带宽	网络制式
频段	频率范围				
900 MHz (Band8)	上行 904～915 MHz	下行 949～960 MHz	11 MHz	TDD 频段：120 MHz FDD 频段：66 MHz	2G/NB-IoT/ 3G/4G/5G
1800 MHz (Band3)	上行 1735～1765 MHz	下行 1830～1860 MHz	30 MHz		2G/4G
2.1 GHz (Band1, n1)	上行 1940～1965 MHz	下行 2130～2155 MHz	25 MHz		3G/4G/5G
2.3 GHz (Band40)	2300～2320 MHz，仅用于室内		20 MHz		4G
2.6 GHz (Band41)	2555～2575 MHz，已重新分配给中国移动		20 MHz		4G
3.5 GHz (n78)	3500～3600 MHz		100 MHz	TDD 频段：100 MHz	5G
3.4 GHz (n77)	3300～3400 MHz，中国联通、中国电信、中国广电共同用于 5G 室内		100 MHz		5G

(1) 中国联通 900 MHz(Band8)：904～915/949～960 MHz，最初获批 909～915/954～960 MHz(6 MHz)用于部署 GSM，为 2G 频段；后增加中国移动腾退的 904～909/949～954 MHz(5 MHz)，共 11 MHz，现用于 GSM、NB-IoT、WCDMA、LTE FDD，并重耕该频段用于 5G 移动通信系统，以进一步提升 5G 信号在农村及边远地区的覆盖质量。

(2) 中国联通 1800 MHz(Band3)：1735～1765/1830～1860 MHz，最初获批 1735～1755/1830～1850 MHz(20 MHz)用于部署 GSM；后又增获 1755～1765/1850～1860 MHz

(10 MHz)用于部署 LTE FDD。现 1735～1745/1830～1840 MHz(10 MHz)部署 GSM，1745～1765/1840～1860 MHz(20 MHz)部署 LTE FDD。Band3 是中国联通 4G 主力频段，5G NSA 组网锚点频段。

中国联通已经开始逐步关闭 2G 网络，腾退 Band8 和 Band3 频段。

(3) 中国联通 2.1 GHz(Band1，n1)：1940～1965/2130～2155 MHz，最初获批用于部署 WCDMA，为 3G 频段，现主要用于部署 LTE FDD，是中国联通 4G 重要频段，5G NSA 组网锚点频段。同时，中国联通将与中国电信频率共享，重耕该频段用于部署 5G，以增加 5G 覆盖。

(4) 中国联通 2.3 GHz(Band40)：2300～2320 MHz，最初获批用于部署 TD-LTE，但仅用于室内。

(5) 中国联通 2.6 GHz(Band41)：2555～2575 MHz，也称为 D 频段，最初获批用于部署 TD-LTE，为 4G 频段。2018 年底国家重新分配 D 频段，将 2555～2575 MHz 划给中国移动，中国联通限期清频。

(6) 中国联通 3.5 GHz(n78)：3500～3600 MHz，获批用于部署 NR，为 5G 频段，是中国联通 5G 主要频段，与电信共建共享。

3. 中国电信

中国电信 2G/3G/4G/5G 工作频率以及网络制式如表 2-5 所示。

表 2-5　中国电信 2G/3G/4G/5G 工作频率以及网络制式

频　率			带宽	合计带宽	网络制式
频　段	频　率　范　围				
850 MHz (Band5，BC0)	上行 824～835 MHz	下行 869～880 MHz	11 MHz	TDD 频段： 200 MHz FDD 频段： 51 MHz	3G/4G/5G
1800 MHz (Band3)	上行 1765～1785 MHz	下行 1860～1880 MHz	20 MHz		4G
2.1 GHz (Band1，n1)	上行 1920～1940 MHz	下行 2110～2130 MHz	20 MHz		4G
2.6 GHz (Band41)	2635～2655 MHz，已重新分配给中国移动		20 MHz		4G
3.5 GHz (n78)	3400～3500 MHz		100 MHz		5G
3.4 GHz (n77)	3300～3400 MHz，中国联通、中国电信、中国广电共同用于 5G 室内		100 MHz		5G

(1) 中国电信 850 MHz(Band5，BC0)：824～835/869～880 MHz，最初获批用于部署 CDMA，为 2G 频段。现主要用于部署 cdma2000、LTE FDD，是中国电信 4G 广覆盖频段。同时，中国电信正在进行 CDMA 退网，并重耕该频段用于 5G 移动通信系统。

(2) 中国电信 1800 MHz(Band3)：1765～1785/1860～1880 MHz，获批用于部署 LTE

FDD，为 4G 频段，是中国电信 4G 重要频段。

(3) 中国电信 2.1 GHz(Band1，n1)：1920～1940/2110～2130 MHz，最初获批用于部署 cdma2000，为 3G 频段。目前，cdma2000 使用 825～835/870～880 MHz(10 MHz)，所以该频段用于部署 LTE FDD，为中国电信 4G 重要频段。同时，中国电信与中国联通频率共享，重耕该频段用于部署 5G，以增加 5G 覆盖。

(4) 中国电信 3.5 GHz(n78)：3400～3500 MHz，获批用于部署 NR，为 5G 频段，是中国电信 5G 主要频段，与中国联通共建共享。

4. 中国广电

中国广电 5G 工作频率以及网络制式如表 2-6 所示。

表 2-6　中国广电 5G 工作频率以及网络制式

频率			带宽	合计带宽	网络制式
频段	频率范围				
700 MHz (n28)	上行 703～733 MHz	下行 758～788 MHz	30 MHz	TDD 频段：160 MHz FDD 频段：30 MHz	5G
4.9 GHz (n79)	4900～4960 MHz		60 MHz		5G
3.4 GHz (n77)	3300～3400 MHz，中国联通、中国电信、中国广电共同用于 5G 室内		100 MHz		5G

在 2023 年 7 月 1 日起正式施行的新版《中华人民共和国无线电频率划分规定》中，工业和信息化部率先在全球将 6425～7125 MHz 全部或部分频段划分用于 IMT(国际移动通信，含 5G/6G)系统。

2.1.3　无线电波的传播方式

根据无线电波在媒质中传播的物理过程不同，可将无线电波的传播方式分为 5 种，如图 2-1 所示。

无线电波的传播方式

(1) 地波(地表面波)传播为无线电波沿着地球表面的传播方式。

(2) 空间波传播(也称为视距传播)为无线电波直接从发射天线传播至接收点的传播方式，当收、发天线都在地面上架设时，由于架设的高度与波长相比很高，因此地波传播可以忽略，在接收点除了直射波之外，还有地面反射波到达，因此接收点的场强为直射波和反射波场强的和。

(3) 天波传播(电离层反射传播)为无线电波经电离层反射后到达接收点的一种传播方式。

(4) 外层空间传播是指传播的空间主要是在外大气层或行星际空间，并且是以宇宙飞船、人造地球卫星或星体为对象，在地-空或空-空之间的传播。

(5) 散射传播为利用对流层中或电离层中介质的不均匀性对电波的散射作用进行的传播方式。

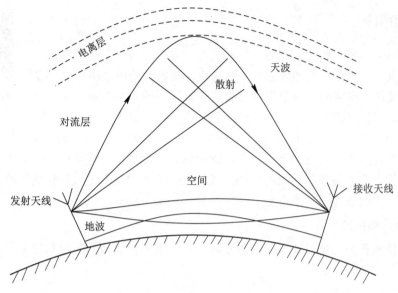

图 2-1　几种主要的无线电波传播方式

　　无线电波频率不同，其在媒质中的传播特性会有很大的变化，因此会采用不同的传播方式。在以大地为导电媒质时，无线电波在其中传播会有衰减，频率越高，衰减越大，因此中波以下波段主要为地波传播，其他波段的无线电波在其中传播时衰减很大，不可能传播到很远的地方。短波可以被电离层反射，主要采用天波传播。超短波、微波和毫米波可以穿透电离层，主要的传播方式为空间波传播和外层空间传播。

　　在陆地移动通信中，无线电波主要是以地表面波形式传播的。但是由于地表面波随着频率的升高，衰减增大，传播距离很有限，所以在分析移动通信信道时，在距离较远时主要考虑直射波和反射波的影响；在距离较近时，如室内，就要考虑地表面波。

2.2　无线电波的传播特性

　　移动通信的信道是指基站天线、移动用户天线和两副天线之间的传播路径。从某种意义上来说，对移动无线电波传播特性的研究就是对移动信道特性的研究。移动信道的基本特性是衰落特性，一般有以下 3 种表现：

　　(1) 随信号传播距离变化而导致的传播损耗和弥散；

　　(2) 由于传播环境中的地形起伏、建筑物及其他障碍物对电磁波的遮蔽所引起的衰落，一般称为阴影衰落；

　　(3) 无线电波在传播路径上受到周围环境中地形地物的作用而产生的反射、绕射和散射，使得其达到接收机时是从多条路径传来的多个信号的叠加，这种多径传播所引起的信号在接收端幅度、相位和到达时间的随机变化将导致严重的衰落，即所谓多径衰落。

　　另外，移动终端传播径向方向的运动将使接收信号产生多普勒效应，导致接收信号在频域扩展，导致接收信号失真。

2.2.1　传播损耗

移动通信的
三大损耗

当电波沿着不同的路径传播时，传播媒质对电波有两方面的影响：一是媒质使在其中传播的无线电波衰减；二是使无线电波的传播路径发生改变。无线电波在媒质中的衰减是指对接收点接收场强的总衰减，它取决于电波能量的自然扩散、在媒质中由热损耗引起的吸收和在传播路径中绕过所遇到障碍物时引起的场强的减小。这里的障碍物是指地球的凸起部分和各种地物。无线电波的传播路径的改变是指由于电波在传播中遇到障碍物所引起的反射、散射、绕射现象。接收机收到的信号为各条路径场的叠加。以上所介绍的媒质对电波传播的影响会使接收信号产生衰落，因而引起信号不稳定。

1. 路径传播损耗

路径传播损耗是指电波在媒质中传播时，由于能量的扩散和媒质对电波的影响而引起的电波能量的衰减。

1) 自由空间传播损耗

自由空间是指理想的、均匀的、各向同性的介质。电波在自由空间传播时，不发生反射、折射、绕射、散射和吸收现象，只存在由于电磁波能量扩散而引起的传播损耗。

自由空间的传播损耗是指球面波在传播过程中，随着传播距离的增大，由于能量的自然扩散引起的损耗，而不是由于媒质对波的衰减而引起的损耗。经推导，自由空间的传播损耗为

$$L = 32.45 + 20\lg f + 20\lg d \tag{2-1}$$

式中，f 为工作频率(单位为 MHz)；d 为收发天线间距离(单位为 km)。

当 f 或 d 增加一倍时，自由空间传播损耗增加 6 dB，可以通过增大辐射和接收天线增益来补偿这些损耗。

2) 媒质中的电波传播损耗

实际的电波传播是在媒质中进行的，不同的媒质对电波传播都会产生一定的影响，这些影响可以归结为以下几个方面：

(1) 传输媒质对电波有吸收作用，这将导致电波的衰减。

(2) 电波的折射、反射、散射与绕射现象。当电波在无限大均匀且各向同性媒质中传播时，射线是沿直线传播的。然而实际上，电波传播所经历的空间媒质非常复杂，使得电波传播路径发生改变。例如，球形地面和障碍物将使电波产生绕射；地貌、地物等将对电波产生折射、反射或散射作用；对流层中的湍流团、雨滴等水凝物对电波特别是微波产生散射；即使电波在对流层内传播，也由于其温度、湿度随高度而异，从而不同位置处媒质参数不同，致使电波射线产生连续的小角度折射，结果使射线轨迹弯曲。总之，上述现象都会使电波传播方向发生变化并且导致信号的衰落。

(3) 多径时延是指多径传输中最大传输时延与最小传输时延之差，其大小与通信距离、工作频率、时间等有关。随机多径传输现象可以引起信号幅度的快衰落，而且还将使信号产生失真及使信道的传输带宽受到限制。

2. 衰落

衰落是指信号电平随时间而随机起伏的现象。

1) 表征衰落特性的参数

由于信号衰落是随机的，人们只能掌握信号随时间变化的统计规律，通常用信号场强中值、衰落深度、衰落速率、衰落持续时间等参数来说明信号衰落的统计特性。

(1) 场强中值是指信号电平大于或小于该值的时间各为 50%。在图 2-2 所示的场强曲线中，若在一个相当长的时间内观测，场强值高于 E_0 和低于 E_0 的时间各占一半，则规定场强中值为 E_0。

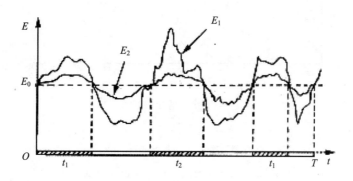

图 2-2　场强中值的确定

若场强中值恰好等于接收机的最低门限值，则通信的可通率为 50%，即 50%的时间能维持正常通信。因此，必须使实际的场强中值远大于接收机的门限值，才能保证在大多数时间内正常通信。

(2) 衰落深度是描述衰落严重程度的物理量，若以分贝表示衰落深度，则

$$衰落深度 = 20 \lg \frac{E_i}{E_0} \tag{2-2}$$

式中，E_i 代表接收电平值；E_0 代表场强中值。

在图 2-2 中，曲线 E_1 和曲线 E_2 的场强中值是相同的，但曲线 E_1 的衰落深度大于曲线 E_2 的衰落深度。在移动通信系统中，衰落深度一般可达 20～30 dB。

(3) 衰落速率是用来描述场强变化的快慢，即衰落频繁程度的物理量。其定义为单位时间内场强包络与场强中值相交次数的一半。

衰落速率与工作频率、移动终端运行的速度及行进方向等因素有关，工作频率越高，移动速度越快，场强包络变化就越快。

(4) 衰落持续时间是指场强低于某一给定电平值的持续时间。持续的信号衰落可能会导致通话中断或数据传输失败。

在话音通信中，由于对实时性和连续性的要求较高，衰落速率和衰落持续时间对通话质量影响较大。在数据通信中，虽然这些因素同样重要，但数据通信通常具有一定的容错能力和重传机制，可以在一定程度上抵消衰落的影响。

根据衰落周期(即两个相邻最大值或最小值之间的时间)，衰落可分为慢衰落和快衰落，如图 2-3 所示。

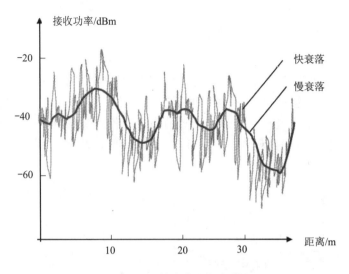

图 2-3　快衰落和慢衰落

2) 慢衰落损耗

慢衰落损耗是由于电磁波在传播路径上，遇到起伏的山丘、建筑物、树林等障碍物的阻碍产生阴影效应而造成的损耗，反映了中等范围内的接收信号电平平均值起伏变化的趋势。之所以叫慢衰落是因为它的变化率比传送信息率慢。慢衰落损耗服从对数正态分布。

3) 快衰落损耗

快衰落损耗是由于多径传播而产生的衰落，它反映微观小范围内数十波长量级接收电平的均值变化而产生的损耗。快衰落引起的电平起伏变化服从瑞利分布、莱斯分布，它的起伏变化速率比慢衰落要快，所以称为快衰落。

在快衰落中，根据不同的成因、现象和机理，快衰落可以分成以下几种情况：

(1) 时间选择性衰落是指在不同的时间衰落特性不同的现象，主要是由快速移动用户引起的多普勒频移造成的。生活中高速运动的火车、汽车等会发生多普勒频移，频域的多普勒频移会在相应的时域引起相应的时间选择性衰落。

(2) 空间选择性衰落是指在不同的空间位置衰落特性不同的现象，一般是由物体反射形成。在无线通信系统中，天线的点波束产生扩散会引起空间选择性衰落。一般有空间选择性衰落的信道不存在时间选择性衰落和频率选择性衰落。

(3) 频率选择性衰落是指在不同的频率衰落特性不同的现象。引发频率选择性衰落的原因多是时延扩展，时域的时延扩展导致不同频率的信号经过频率选择性衰落信道时具有不同的响应。

事实上，信号的快衰落与慢衰落不是相互独立的，快衰落往往叠加在慢衰落上，只不过在较短时间内观测时，后者不易被察觉，而前者则表现明显。

2.2.2　移动通信中的四大效应

1. 多径效应

在一个典型的蜂窝移动通信环境中，由于建筑物或其他物体的阻碍，

移动通信中的
四大效应

移动终端接收到的信号不仅有直射波的主径信号，还有从不同建筑物反射以及绕射来的多条不同路径信号，而且它们到达时的强度、时间、载波相位各不相同，移动终端所接收到的信号即为上述各径信号的矢量和，这种现象即为多径效应，如图 2-4 所示。

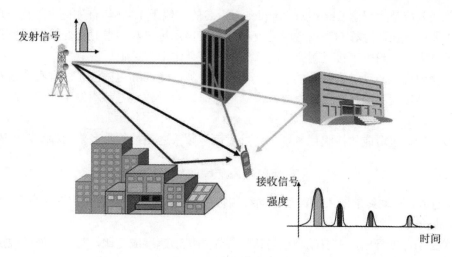

图 2-4　多径传播模型

各径信号合成产生一个复驻波，它的信号强度根据各分量的相对变化而增加或减小。其合成场强在移动几个车身长的距离中会有 20～30 dB 的衰落，其最大值和最小值发生的位置大约相差 1/4 波长。大量传播路径的存在就产生了所谓的多径现象，其合成波的幅度和相位随移动终端的运动产生很大的起伏变化，通常把这种现象称为多径衰落或快衰落，如图 2-3 所示。

研究表明，如果移动终端所收到的各个波分量的振幅、相位和角度是随机的，那么合成信号的包络的概率分布为瑞利分布，故多径衰落也称瑞利衰落。

多径效应会引起接收信号脉冲宽度扩展，称为时延扩展。最大时延扩展定义为多径信号最快和最慢的时间差，如果最大时延扩展大于码元周期，则会引起码间干扰。

2. 阴影效应

大量研究结果表明，移动终端接收的信号除瞬时值出现快速瑞利衰落外，其场强中值随着地理位置的改变出现较慢的变化，这种变化称为慢衰落，如图 2-3 所示，它是由阴影效应引起的，所以也称作阴影衰落。当电波传播路径上遇有高大建筑物、树林、地形起伏等障碍物的阻挡时，就会产生电磁场的阴影。当移动终端通过不同障碍物阻挡所造成的电磁场阴影时，就会使接收场强中值发生变化，变化的大小取决于障碍物的状况和工作频率，变化速率不仅和障碍物有关，而且与车速有关。

研究这种慢衰落的规律，发现场强中值变动服从对数正态分布。另外，由于气象条件随时间变化、大气介电常数的垂直梯度发生慢变化，使电波的折射系数随之变化，结果造成同一地点的场强中值随时间的慢变化。统计结果表明，此中值变化也服从对数正态分布。由于信号中值变动在较大范围内随地点和时间的分布均服从对数正态分布，所以它们的合成分布仍服从对数正态分布。在陆地移动通信中，通常信号中值随时间的变动远小于随地点的变动，因此可以忽略慢衰落的影响，但是在定点通信中需要考虑慢衰落。

总的来说，在蜂窝移动通信中，多径效应和阴影效应共同作用于信道，使信道特性表现为既有快速变化的瑞利快衰落，又叠加了缓慢变化的对数正态慢衰落。

3. 多普勒效应

多普勒效应是为纪念 Christian Doppler 而命名的，他于 1842 年首先提出了这一理论。他认为声波频率在声源移向观察者时会变高，而在声源远离观察者时会变低。一个常被使用的例子是火车，当火车接近观察者时，其汽笛声会比平常更刺耳。

多普勒效应是波动过程共有的特征，不只是声波，光波和电磁波也同样存在多普勒效应。所以当高速运动的移动终端接收和发送信号时，会导致信号频率发生偏移，产生多普勒效应。

由多普勒效应造成的接收信号频率和发射信号频率之差被称为多普勒频移，可表示为

$$f_{\mathrm{D}} = \frac{v}{\lambda}\cos\theta \tag{2-3}$$

式中，θ 为达到移动终端的入射波与移动终端行进方向的夹角；v 为移动终端的运动速度；λ 为工作波长。

由式(2-3)可以看出，多普勒频移与移动终端的运动速度成正比，与工作波长成反比。

如图 2-5 所示，假设移动终端的工作频率为 f_0，当移动终端快速远离基站时，合成后的频率 $f_1 = f_0 - f_{\mathrm{D}}$；当移动终端快速靠近基站时，$f_1 = f_0 + f_{\mathrm{D}}$。信号经过不同方向传播，其多径分量造成接收机信号的多普勒扩散，因而增加了信号带宽。当运动速度过高时，必须考虑多普勒频移的影响，而且工作频率越高，频移越大。

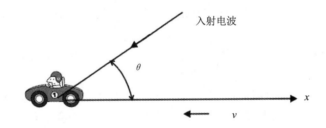

图 2-5　多普勒频移示意图

例如，载频 $f_0 = 900\,\mathrm{MHz}$，移动终端运动速度 $v = 50\,\mathrm{km/h}$，则接收信号的载波频谱展宽约 80 Hz。

在通信系统中任何不需要的信号都可称为噪声或干扰。接收机能否正常工作，不仅取决于接收机输入信号的大小，还取决于噪声和干扰的大小。外部噪声和干扰是影响通信性能的重要因素。

4. 远近效应

用户设备(UE)在一个小区内是随机分布的，而且位置是经常变化的。当基站同时接收来自两个或更多个距离不同的 UE 的信号时，由于信号传播路径损耗的差异，距离基站较近的 UE 发出的信号通常较强，而距离较远的 UE 发出的信号则相对较弱。这种信号强度的差异会导致较强的信号对较弱的信号产生干扰，使得基站难以准确接收和处理来自较远UE 的信号，从而影响通信质量。这种现象称为远近效应。

远近效应在 CDMA 网络中极其明显，为了对抗远近效应，CDMA 系统引入了功率控制技术，即根据通信距离的不同，实时地调整 UE 的发射功率，使每个终端到达基站的功率基本相当，这样每个终端的信号到达基站后，都能被正确地解调出来。

2.3 天 线

天线是发射机发射无线电波和接收机接收无线电波的装置。发射天线将传输线中的高频电磁能转换为自由空间的电磁波；接收天线将自由空间的电磁波转换为高频电磁能。天线是换能装置，具有互易性，即同一副天线既可用作发射天线，也可用作接收天线，同一天线作为发射或接收的基本特性参数是相同的。

在移动通信技术中，天线扮演着极为关键的角色。如果天线的选择(如类型、位置)不好，或者天线的参数设置不当，则会直接影响整个移动通信网络的运行质量。

2.3.1 天线的工作原理

1. 电磁波的辐射

当导线上有交变电流流动时，就可以发生电磁波的辐射，辐射的能力与导线的长度和形状有关。如图 2-6(a)所示，若两导线的距离很近，电场被束缚在两导线之间，因而辐射很微弱；若将两导线张开，如图 2-6(b)、(c)所示，电场就散播在周围空间，因而辐射增强。

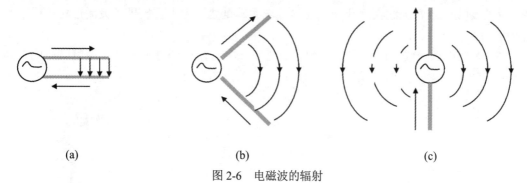

(a)   (b)   (c)

图 2-6 电磁波的辐射

必须指出，当导线的长度 L 远小于波长 λ 时，辐射很微弱；当导线的长度 L 增大到可与波长相比拟时，导线上的电流将大大增加，因而就能形成较强的辐射。

2. 对称振子

对称振子是一种经典的、迄今为止使用最广泛的天线，单个半波对称振子可独立地使用或作为抛物面天线的馈源，也可采用多个半波对称振子组成天线阵。

两臂长度相等的振子叫做对称振子。每臂长度为 1/4 波长、全长为 1/2 波长的振子，称半波对称振子，如图 2-7 所示。另外，还有一种异型半波对称振子，可看成是将全波对称振子折合成一个窄长的矩形框，并把全波对称振子的两个端点相叠，这个窄长的矩形框称为折合振子，折合振子的长度也是 1/2 波长，故称为半波折合振子，如图 2-8 所示。

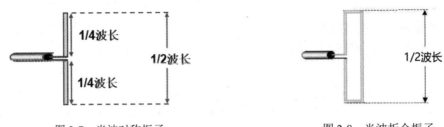

图 2-7　半波对称振子　　　　　　　　　图 2-8　半波折合振子

3. 天线的分类

在日常生活中，有很多类型的通信需求，如长距离通信、短距离通信、卫星通信、微波通信、手机通信、点对点通信等。每种通信需求通常对应于特定的通信频段，并依赖于相应的通信系统。为了满足这些不同的需求，需要采用各种不同类型的天线。

如图 2-9 所示，移动通信系统中常见的天线有以下几种：

(1) 全向天线：一种在水平平面内具有均匀辐射特性的天线。它可以均匀地在所有方向(360°)上发送或接收信号。

(2) 定向单极化天线：一种在特定方向上提供高增益和高方向性的天线。这种天线设计使其能够集中辐射功率于一个特定方向，从而实现远距离通信和信号的高效传输。

(3) 定向双极化天线：一种特殊类型的天线，它结合了定向天线的高方向性和双极化天线的能力，能够同时处理两种正交极化(如垂直和水平极化)。这种天线在保持方向性的同时，提供了更高的频谱效率和灵活性。

(4) 单宽频电调天线：能够在一个宽广的频率范围内工作，并且可以通过电子方式调整其工作频率。这种天线在现代无线通信领域尤其重要，因为它提供了灵活性和宽频带覆盖的能力。

(5) 多频电调天线：能够在多个频段上工作，并且可以通过电子方式调整以适应不同的通信标准和频率，提供了操作灵活性和对多个频段的支持。

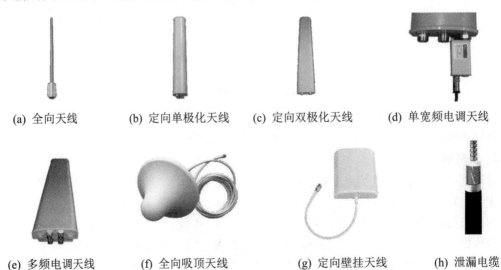

(a) 全向天线　　　(b) 定向单极化天线　　　(c) 定向双极化天线　　　(d) 单宽频电调天线

(e) 多频电调天线　　　(f) 全向吸顶天线　　　(g) 定向壁挂天线　　　(h) 泄漏电缆

图 2-9　移动通信系统中常见的天线

(6) 全向吸顶天线：用于室内环境的天线，其特点是能在水平方向上提供 360° 的均匀覆盖，通常安装在天花板上。这种天线广泛应用于商业建筑、办公室、购物中心、医院和其他需要室内无线覆盖的场所。

(7) 定向壁挂天线：一种专为室内或室外环境设计的天线，其主要特点是在特定方向上提供集中的信号覆盖。这种天线通过壁挂方式安装，适用于需要定向信号覆盖的场合，如延伸无线覆盖到特定区域或增强某一方向的信号。

(8) 泄漏电缆：也被称为漏波电缆或漏缆，是一种特殊设计的同轴电缆，用于特定环境下，如隧道和地铁等封闭空间的无线通信。泄漏电缆在其外导体上设计有微小的物理缝隙或孔，可以实现有规律地辐射和接收无线信号，能够在长距离上均匀地分布信号，从而实现稳定和高效的通信覆盖。

4. 天线的组成

板状天线是一种常见的天线类型，在现代无线通信中得到了广泛的应用。下面以板状天线为例介绍天线的组成。如图 2-10 所示，板状天线通常包括以下几部分：

(1) 振子(辐射单元)。振子是天线的主要辐射元件，用于发射和接收电磁波，通常由金属材料制成，形状可以是矩形、圆形或其他多边形。其尺寸、形状和材料决定了天线的工作频率和辐射特性。

(2) 绝缘基板(位于反射板的反侧，图中未标出)。辐射单元通常位于一个绝缘的基板上，绝缘基板材料通常是低损耗的介电材料，如 FR4、PTFE 等。基板提供了天线的物理支撑，并影响天线的带宽和效率。

(3) 反射板(底板，通常称为接地平面)。在板状天线中，位于绝缘基板另一侧的是一个较大的金属层，称为反射板或接地平面。它不仅提供接地功能，还对天线的辐射模式和阻抗特性有显著影响。

(4) 馈电网络(功率分配网络)。馈电网络是天线的馈电系统，可以是直接馈电或通过一定的馈电网络结构馈电。馈电网络负责将信号均匀地分配到天线的辐射单元，对天线的输入阻抗和带宽有影响。

(5) 天线罩(封装保护)。天线罩可保护天线免受物理损害和环境影响，同时对天线的辐射模式影响较小。

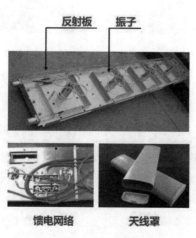

图 2-10　板状天线的组成

5. 天线的发展

(1) 从 2G 到 4G，移动通信中的基站天线经历了全向天线、定向单极化天线、定向双极化天线、电调天线、多频段天线以及 MIMO 天线等过程，如图 2-11 所示。

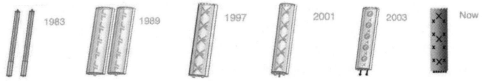

(a) 全向天线　(b) 定向单极化天线　(c) 定向双极化天线　(d) 电调天线　(e) 多频段天线　(f) MIMO 天线

图 2-11　天线的发展

(2) 2G/3G 时代，天线多为 2 端口，如图 2-12 所示。

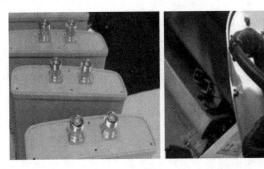

图 2-12　2G/3G 时代的天线

(3) 4G 时代，随着 MIMO 技术、多频段天线的大量使用，天线的端口数增多，如图 2-13 所示。

(a) 铁塔上的 4G 天线

(b) LTE FDD 独立 4 端口天线

(c) LTE FDD 6 端口双频天线

(d) LTE TDD 8 端口天线

图 2-13　4G 天线

(4) 2016 年，中兴研发的 Pre5G Massive MIMO 天线如图 2-14 所示，完成了产品开发和外场测试，单载波峰值速率可达 400 Mbit/s 以上，将 4G 网络频谱利用率提升了 4～6 倍。

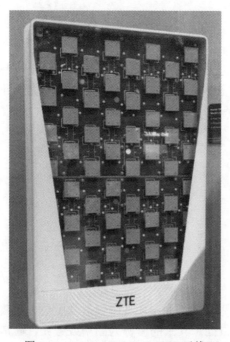

图 2-14　Pre5G Massive MIMO 天线

5G 天线采用的是大规模天线技术(Massive MIMO)，顾名思义，就是在基站端安装几百根天线(128 根、256 根或更多)，从而实现几百个天线同时收、发数据，如图 2-15 所示。

图 2-15　5G 天线

移动通信网络的持续演进和规模化发展离不开天线技术的持续创新和产品的多样化发展。4G 之前，移动通信天线的功能以实现信号的输入和输出为主；4G 之后，移动通信天线成为提升网络系统容量的关键，尤其是进入 5G 时代后，移动通信天线成为移动通信网络全频谱演进的前提条件，成为解决站址和天面资源受限的重要方案，成为进一步提升系统容量的关键技术。同时，移动通信天线也需不断适应 5G 垂直行业应用发展对天线系统功能不断扩展的需求，并承接移动通信网络绿色低碳化发展的重任。面向 6G，移动通信天线还将是实现陆、海、空、天泛在融合的关键部件之一。

2.3.2　天线的性能指标

1. 天线方向图

天线方向图(也称为辐射图或辐射模式)是天线在不同方向上辐射能力的图形表示。如图 2-16 所示的图形描述了天线辐射强度的分布情况，可以是二维的也可以是三维的，用于展示天线在空间中的辐射特性。

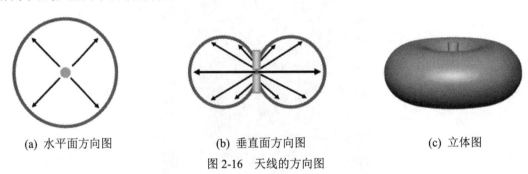

(a) 水平面方向图　　　　　(b) 垂直面方向图　　　　　(c) 立体图

图 2-16　天线的方向图

天线方向图通常都有两个或多个瓣，其中辐射强度最大的瓣称为主瓣，它指示了天线最有效辐射和接收信号的方向，其余的瓣称为副瓣或旁瓣，通常辐射强度较低，但可能导致不必要的干扰，如图 2-17 所示。天线方向图中辐射强度几乎为零的点或区域称为零点，例如，在主瓣和它下面的第一个下旁瓣之间，天线在这些方向上几乎不发射或接收信号。对于定向天线，还存在后瓣，即天线方向图中背离主瓣方向的辐射区域，通常希望尽量减小其强度。

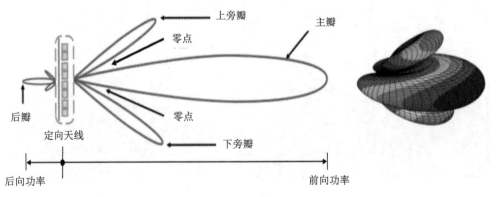

图 2-17　天线方向图的构成

一般将主瓣最大辐射方向两侧，辐射强度降低 3 dB 的两个点之间的夹角，定义为 3 dB 波束宽度(又称半功率角)，如图 2-18(a)所示。主瓣瓣宽越窄，则方向性越好，抗干扰能力越强。还有一种 10 dB 波束宽度，如图 2-18(b)所示，是方向图中主瓣最大辐射方向两侧，辐射强度降低 10 dB 的两个点间的夹角。

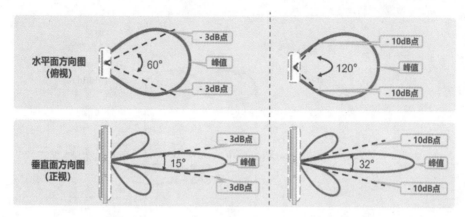

(a) 3 dB 波束宽度　　　　　　　　(b) 10 dB 波束宽度

图 2-18　波瓣宽度

在天线方向图中,定向天线的前向最大辐射方向(通常规定为 0°)的功率与后向最大辐射方向附近(规定为 180°±20° 范围内)的最大功率的比值定义为前后比,以分贝(dB)为单位表示。前后比越大,天线的后向辐射(或接收)越小。

$$前后比 (dB) = 10 \lg \frac{前向功率}{后向功率}$$

如果选用前后比低的天线,则天线的后瓣有可能产生越区覆盖,导致切换关系混乱,易产生掉话。室外基站天线前后比一般应大于 25 dB。

2. 增益

增益是指在输入功率相等的条件下,实际天线与理想的辐射单元在空间同一点处所产生的场强的平方比,即功率比。它定量地描述了一个天线把输入功率集中辐射的程度。

表征天线增益的参数有 dBd 和 dBi。如图 2-19 所示,dBi 是相对于理想的无方向性点源天线的增益,dBd 是相对于单一对称振子天线的增益,则有

$$dBi = dBd + 2.15$$

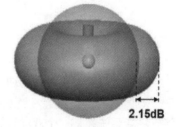

2.15dB

(a)　单一对称振子方向图　　　　(b)　理想点源方向图　　　　(c)　对称振子的增益为 2.15 dB

图 2-19　天线的增益

实际使用的基站天线一般采用多个振子来实现。图 2-20 从上至下分别给出了 1 个半波对称振子、2 个半波对称振子、4 个半波对称振子、8 个半波对称振子的全向天线增益与垂直波束宽度,可以看出,垂直波束宽度越窄,天线增益越高,电波传播的距离越远。

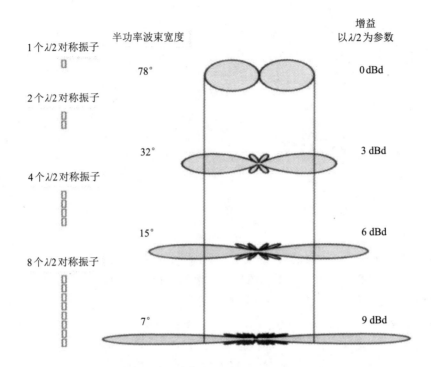

图 2-20　全线天线增益与垂直波瓣宽度

利用反射板可把辐射能控制到单侧方向，从而提高所需方向的增益。平面反射板放在阵列的一侧可构成定向天线，如图 2-21 所示。抛物反射面能使天线的辐射像光学中的探照灯那样，把能量集中到一个小立体角内，从而获得更高的增益。

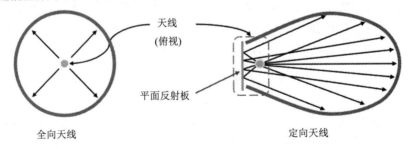

图 2-21　定向天线的增益

天线增益的大小对移动通信系统的运行质量极为重要，因为它能决定蜂窝边缘的信号电平。增加增益就可以在一确定方向上增大网络的覆盖范围，或者在确定范围内增大增益余量。任何蜂窝系统都是一个双向过程，增加天线的增益能同时减少双向系统增益预算余量。

3. 天线的极化

天线的极化是以电磁波的极化来确定的。

1) 电磁波的极化

电磁波是由电场和磁场沿着空间传播的一种无形的能量波动，如图 2-22 所示，其传播速度为光速。

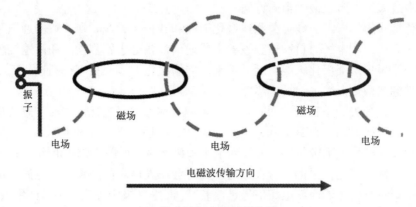

图 2-22　电磁波的传播

电磁波的极化方向通常是以其电场矢量的空间指向来描述的，即在空间某位置上，沿电磁波的传播方向看去，其电场矢量在空间的取向随时间变化所描绘出的轨迹。如果这个轨迹是一条直线，则称为线极化，如果是一个圆，则称为圆极化，如果是一个椭圆，则称为椭圆极化。

采用极化特性来划分电磁波，有线极化波、圆极化波和椭圆极化波之分。线极化和圆极化是椭圆极化的两种特殊情况。圆极化波和椭圆极化波的电场矢量的取向是随时间旋转的。沿着电磁波传播方向看去，其旋向有顺时针方向和逆时针方向之分。电场矢量为顺时针方向旋转的称为右旋极化，电场矢量为逆时针方向旋转的称为左旋极化，如图 2-23 所示。

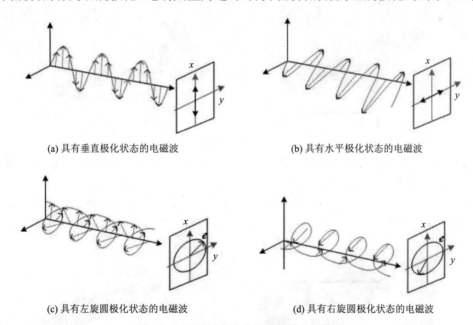

(a) 具有垂直极化状态的电磁波　　　　　　　(b) 具有水平极化状态的电磁波

(c) 具有左旋圆极化状态的电磁波　　　　　　(d) 具有右旋圆极化状态的电磁波

图 2-23　不同极化状态的电磁波传播轨迹

2) 天线的极化

天线的极化定义为在最大增益方向上，作为发射天线时辐射电磁波的极化，或作为接收天线时能使天线终端得到最大可用功率方向的入射电磁波的极化。最大增益方向就是在天线方向图中最大值方向或最大指向方向。

　　根据极化形式的不同，天线可分为线极化天线和圆极化天线。在一般的通讯和雷达中多采用线极化天线；在电子对抗和侦察设备中或通信设备处于剧烈摆动和高速旋转的飞行器上等应用中则可采用圆极化天线。通常不采用椭圆极化天线，只有在圆极化天线设计不完善时才出现椭圆极化天线。

　　当电磁波的电场矢量垂直于地面时，该电磁波被称为垂直极化波。产生垂直极化波的天线为垂直极化天线，如图 2-24(a)所示。当电磁波的电场矢量平行于地面时，该电磁波被称为水平极化波。产生水平极化波的天线为水平极化天线，如图 2-24(b)所示。由于电磁波的特性，决定了水平极化传播的信号在贴近地面时会在大地表面产生极化电流，极化电流因受大地阻抗影响产生热能而使电场信号迅速衰减，而垂直极化方式则不易产生极化电流，从而避免了能量的大幅衰减，保证了信号的有效传播。因此，在移动通信系统中，一般均采用垂直极化的传播方式。

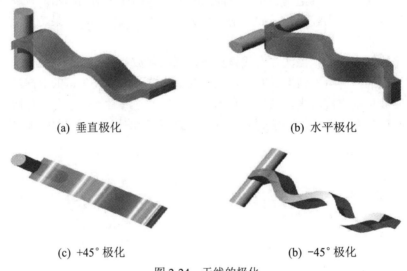

(a) 垂直极化　　　　　　　　　　　　　(b) 水平极化

(c) +45°极化　　　　　　　　　　　　　(b) −45°极化

图 2-24　天线的极化

　　把垂直极化和水平极化两种极化的天线组合在一起，或者把 +45°极化和 −45°极化两种极化的天线(见图 2-24(c)、(d))组合在一起，就构成了一种新的天线——双极化天线，如图 2-25 所示。移动通信系统中大部分采用的是 ±45°极化方式。双极化天线减少了天线的数目，施工和维护更加简单。

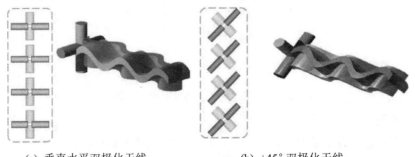

(a) 垂直水平双极化天线　　　　　　　　(b) ±45°双极化天线

图 2-25　双极化天线

3) 极化损失

垂直极化波要用具有垂直极化特性的天线来接收，水平极化波要用具有水平极化特性的天线来接收。右旋圆极化波要用具有右旋圆极化特性的天线来接收，而左旋圆极化波要用具有左旋圆极化特性的天线来接收。

当来波的极化方向与接收天线的极化方向不一致时，接收到的信号就会变小，也就是说，发生极化损失。例如，当用 +45° 极化天线接收垂直极化或水平极化波时，或者当用垂直极化天线接收 +45° 或 −45° 极化波时，都会产生极化损失，即只能接收到来波的一半能量。

当接收天线的极化方向与来波的极化方向完全正交时，如用水平极化的接收天线接收垂直极化的来波，或用右旋圆极化的接收天线接收左旋圆极化的来波，天线就完全接收不到来波的能量，这种情况下极化损失最大，称极化完全隔离。

4) 极化隔离

理想的极化完全隔离是不存在的。这是因为在实际的天线系统中，由于天线设计的限制、制造工艺的误差以及环境因素的影响，馈送到一种极化的天线中去的信号总会有一部分泄漏到另外一种极化的天线中。这种泄漏现象是不可避免的，但可以通过优化天线设计、提高制造工艺和采用适当的极化隔离技术来尽量减小。例如，在图 2-26 所示的双极化天线中，设输入垂直极化天线的功率为 1 W，结果在水平极化天线的输出端测得的输出功率为 1 mW。

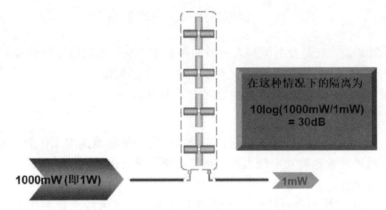

图 2-26　极化隔离示意图

4. 输入阻抗

天线的输入阻抗是天线馈电端输入电压与输入电流的比值。天线与馈线连接的最佳情形是天线输入阻抗是纯电阻且等于馈线的特性阻抗，这时馈线终端没有功率反射，馈线上没有驻波，天线的输入阻抗随频率的变化比较平缓。由于基站的输出阻抗为 50 Ω，常用 50 Ω 同轴电缆连接基站与天线，为了实现最佳阻抗匹配，希望天线的输入阻抗为 50 Ω 纯电阻。但天线的实际阻抗并不完全等于 50 Ω，且含有电抗分量。

天线的匹配工作就是消除天线输入阻抗中的电抗分量，使电阻分量尽可能地接近馈线的特性阻抗。匹配的优劣一般用四个参数来衡量，即反射系数、行波系数、驻波比和回波损耗，四个参数之间有固定的数值关系。在日常维护中，用得较多的是驻波比和回波损耗。

1) 驻波比(VSWR)

在传输线上，当向负载(如天线)发送射频能量时，如果负载与传输线的阻抗不匹配，就会产生反射波。这个反射波与原来的入射波相遇并叠加，形成驻波。简单来说，驻波就是两个波长和幅度相等但方向相反的波的叠加结果。

驻波比是衡量传输线上反射波和入射波强度比例的一个量度。它是由驻波上的电压最大值和电压最小值的比率定义的，即：

$$\text{VSWR} = \frac{V_{\max}}{V_{\min}} \tag{2-4}$$

VSWR 的值为 1～∞。驻波比为 1 表示完全匹配，此时所有能量都被负载吸收，没有能量反射；驻波比为无穷大表示全反射，完全失配。在移动通信系统中，一般要求驻波比小于 1.5，但在实际应用中，VSWR 应小于 1.2。过大的驻波比会减小基站的覆盖并造成系统内干扰加大，影响基站的服务性能。

2) 回波损耗

当传输线或其他系统的阻抗与其负载(如天线或电子设备)的阻抗不完全匹配时，部分传输的信号会被反射回传输线，而不是完全被负载吸收。回波损耗是一个表征信号反射性能的参数。

回波损耗通常以分贝(dB)为单位来表示，即：

$$\text{回波损耗(dB)} = -20\lg|\rho| \tag{2-5}$$

式中，ρ 是反射系数，它是反射波与入射波的振幅比。反射系数的值介于 0 和 1 之间，其中，0 表示无反射(完美匹配)；1 表示完全反射(完全不匹配)。

在移动通信系统中，一般要求回波损耗大于 14 dB。

5. 频段宽度

无论是发射天线还是接收天线，它们总是在一定的频率范围内工作的。通常，工作在中心频率时天线所能输送的功率最大，偏离中心频率时它所输送的功率都将减小，据此可定义天线的频段宽度。

当天线的工作波长不是最佳时，天线性能要下降。在天线工作频带内，天线性能下降不多，仍然是可以接受的。如图 2-27 所示的天线振子，其有效工作的频率范围为 820～890 MHz，最佳工作频率为 850 MHz，频段宽度为 70 MHz。

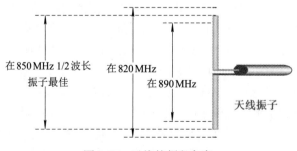

图 2-27　天线的频段宽度

6. 天线的下倾

当天线垂直安装时，天线方向图的主瓣将从天线中心开始沿水平线向前，从而无法有效地覆盖地面上的目标区域，甚至还会发生越区覆盖，影响通信质量。为了控制干扰，增强覆盖范围内的信号强度，一般要求天线主波束有一个下倾角度，如图 2-28(b)所示。

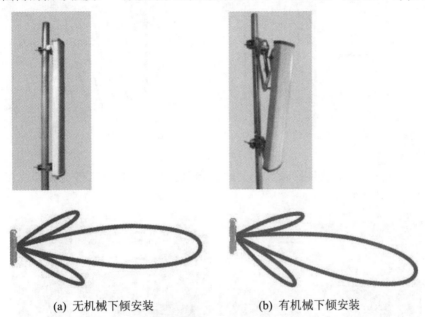

(a) 无机械下倾安装　　　　　　　　　　(b) 有机械下倾安装

图 2-28　天线的下倾

天线倾角定义了天线倾角的变化范围，在此范围内，天线波束发生的畸变较小。天线下倾可以通过两种方式实现：

(1) 机械下倾是指通过调整天线的安装角度来实现下倾。这是一种简单直接的方法，但调整不够灵活。在机械调整下倾角时，天线主瓣方向的覆盖距离会有明显变化，但天线垂直分量和水平分量的幅值是不变的，因此会导致覆盖方向图被强行压扁，产生畸变，如图 2-29 所示。一般建议机械下倾角不要大于 12°。

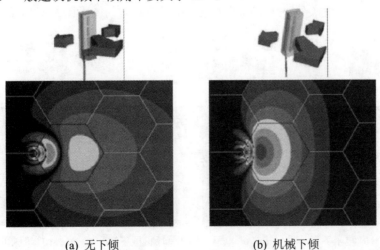

(a) 无下倾　　　　　　　　　　　　(b) 机械下倾

图 2-29　机械下倾的方向图

(2) 电子下倾是指利用阵列天线的相位控制来改变波束的方向，而不需要物理移动天线，当无下倾时(见图 2-30(a))，馈电网络中电路路径长度相等；当有下倾时(见图 2-30(b))，馈电网络中电路路径长度不相等，从而影响信号的相位和幅度。电子下倾提供了更高的灵活性和精确度。

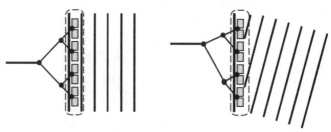

(a) 无下倾时　　　　　　　　(b) 有下倾时

图 2-30　电子下倾工作原理

通过电子下倾方式调整下倾角度的天线称为电调天线，电调天线有拉伸式和旋钮式两种调节方式，如图 2-31 所示。

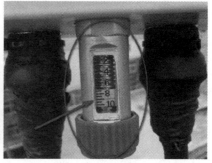

(a) 拉伸式　　　　　　　　　　　(b) 旋钮式

图 2-31　电调天线的调节方式

由于天线各方向的场强强度同时增大和减小，电子下倾可以在一定程度上保持天线方向图的整体特性，同时调整主瓣方向以缩短覆盖距离和减少特定区域内的覆盖面积，而不会对系统外的区域产生额外干扰。机械下倾和电子下倾方向图对比如图 2-32 所示。

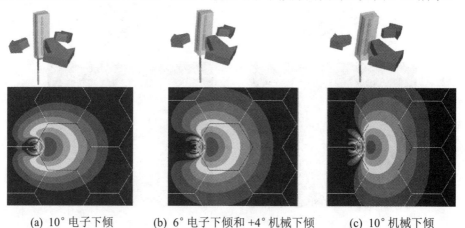

(a) 10°电子下倾　　　(b) 6°电子下倾和 +4°机械下倾　　　(c) 10°机械下倾

图 2-32　机械下倾和电子下倾方向图对比

7. 旁瓣抑制

旁瓣是天线方向图中，除了主瓣(主波束方向)以外的其他辐射方向。如图 2-33 所示，这些旁瓣通常比主瓣的强度要低，但在某些应用中，如雷达或通信系统，旁瓣可能导致不希望的干扰或信号泄漏。因此，有效的旁瓣抑制是提高天线性能的关键，尤其是较大的第一旁瓣。

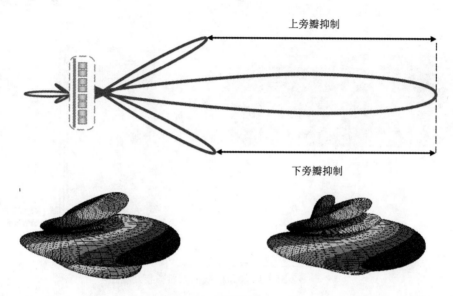

图 2-33　旁瓣抑制

旁瓣抑制水平通常用旁瓣相对于主瓣的最大增益比值来表示，单位是分贝(dB)。一般要求旁瓣抑制水平大于 15 dB。

8. 零点填充

天线主瓣与旁瓣、旁瓣与旁瓣之间的凹点称为零点，天线在这些方向上几乎不发射或接收信号，从而形成信号盲区，称之为"塔下黑"。主瓣与第一旁瓣之间的凹点称为第一零点。在设计天线时，由于第一个零点会影响通信，所以需要对该点进行适当填充，以减少覆盖的盲区，减少掉话率，如图 2-34 所示。对于零点填充，一般要求主瓣下面的第一零点电平应大于 −20 dB。

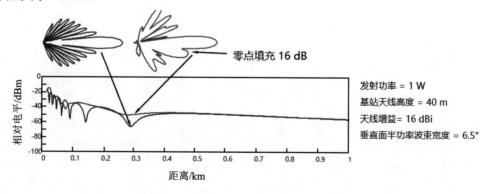

图 2-34　零点填充

下面通过一个移动网络中的 10 端口天线来具体了解一下天线的各项指标。图 2-35 为该天线的端口图和外观图，表 2-7 为该天线的电气指标，表 2-8 为该天线的机械指标，表 2-9 为该天线的方向图。

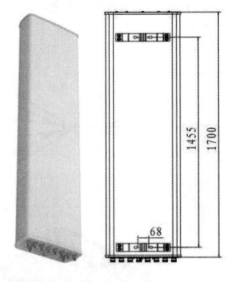

(a) 端口图   (b) 外观图

图 2-35　10 端口天线的端口图和外观图

表 2-7　10 端口天线的电气指标

电气指标	值				
工作频段/MHz	820～960	82～960	1710～2170	1710～2170	1710～2170
极化方式	±45°极化				
增益/dBi	16.5		17.5		
水平面波束宽度/(°)	65±6				
垂直面波束宽度/(°)	9		6		
电子下倾角范围/(°)	0～10	0～10	0～10	0～10	0～10
上旁瓣抑制/dB	≥15				
前后比/dB	≥25				
交叉极化比/dB	轴向≥15；±60°以内≥10				
电压驻波比	≤1.5				
隔离度/dB	≥25				
三阶交调/dBm	≤-107				
功率容量 W	500		300		
阻抗/Ω	50				
雷电保护	直接接地				

表 2-8　10 端口天线的机械指标

机械指标	值
天线罩材料	玻璃钢
安装支架型号	00-ZJ10D(12)
机械下倾角/(°)	0～12
接头类型	7/16 DIN-阴头
天线尺长/mm	1700 × 468 × 192
包装尺寸/mm	1985 × 560 × 260
天线净重/kg	31
包装重量/kg	43.5
环境温度/(℃)	工作温度：−40～+60；极限温度：−55～+75
抗风能力/(m/s)	工作风速：36.9；极限风速：55

表 2-9　10 端口天线的方向图

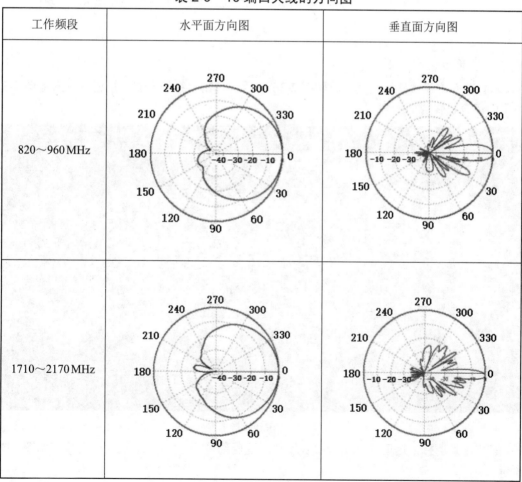

2.4 技能训练——基站信号传输实验

本次仿真实验中配置了一个 5G 基站，通过调节抱杆天线的方位角、下倾角、发射功率来改变信号覆盖范围。仿真资源地址为 116.62.4.204：4007，5G 基站硬件规划参数如表 2-10 所示。

表 2-10　5G 基站硬件规划参数

槽位号	单板	单板功能
0	UMPT	通用主控传输单元，提供 USB 接口、传输接口、维护接口，完成信号传输、软件自动升级，在 LMT 上维护 BBU 的功能
1	UBBP	通用基带处理板，提供与射频模块通信的 CPRI 接口，完成上、下行数据的基带处理功能，支持制式间基带资源重用，实现多制式并发

1. 实验步骤

(1) 进入仿真软件，其主界面如图 2-36 所示，单击"系统安装"按钮，进入如图 2-37 所示的场景选择界面。

图 2-36　仿真软件主界面

(2) 场景选择：这里选择城市中心场景，就近选择摩天大楼 A 座进行实验，如图 2-37 所示。

图 2-37　场景选择界面

5G 核心网建在摩天大楼 A 座的中心机房，5G 基站建在摩天大楼 A 座的楼顶，二者通过接口单元 AMP 相连。在楼顶的天台可以安装 AAU、GPS 等设备；在楼顶的楼顶机房内根据需要可以选择安装 5G 基站、OTN、终端等多种设备。

(3) 基站设备安装：从摩天大楼 A 座的楼顶进入楼顶机房，安装电源柜、动力柜和通信机柜。从左侧设备选取栏拖拽出 5G 基站和 AMP 设备添加到通信机柜内，如图 2-38 所示。

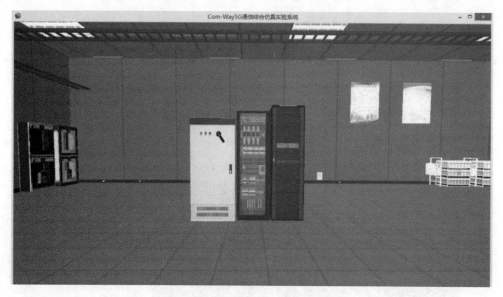

图 2-38　楼顶机房设备

按照 5G 基站硬件规划参数表 2-10，在 5G 基站 0 号槽位添加 UMPT 单板，1 号槽位安装 UBBP 单板，如图 2-39 所示。

图 2-39　基站单板添加完成图

(4) 天线设备安装：从楼顶机房返回到楼顶的天台，然后安装 1 个 GPS 和 3 个抱杆天线，如图 2-40 所示。

图 2-40　安装连线结果图

(5) 线缆连接：GPS 用馈线连接至 5G 基站 UMPT 单板的 ANT0 接口，3 个抱杆天线分别用光纤连接至 5G 基站 UBBP 单板的 PORT0、PORT1、PORT2 端口。

(6) 调试抱杆参数：通过调节抱杆天线的下倾角、方位角和发射功率来改变它的覆盖范围。

例如，当三个抱杆天线的方位角分别为 0°、120°、240°，发射功率为 50 dBm，下倾角为 20° 时，移动通信车在此处探测到的射频功率为 −82.6 dBm，如图 2-41 所示。

图 2-41　射频功率值(下倾角为 20°)

当 3 个抱杆天线的方位角分别为 0°、120°、240°，发射功率为 50 dBm，下倾角为 0° 时，移动通信车在相同位置处探测到的射频功率为 −130.3 dBm，如图 2-42 所示。

图 2-42　射频功率值(下倾角为 0°)

2. 实验结果分析

实验结果表明，天线的方位角、下倾角、发射功率会影响信号的覆盖。

(1) 天线的方位角决定了天线发射信号的主要方向。在蜂窝网络中，通过调整每个基站天线的方位角，可以最大限度地提高覆盖范围，同时减少与相邻基站的干扰。

(2) 适当的下倾角可以帮助精确控制覆盖区域，避免过远或过近的区域接收到信号，从而减少干扰和优化信号质量。

(3) 发射功率是指天线发射电磁波的能力。功率越大，理论上信号的覆盖范围就越大。但同时也可能导致更多的干扰。发射功率需要根据具体情况调整，以确保足够的覆盖范围，同时又不对相邻的通信系统造成干扰。

在实际应用中，这些参数需要综合考虑，以实现最佳的覆盖效果和网络性能。例如，在城市环境中，可能需要较低的发射功率和更精确的下倾角控制，以避免过多的干扰；而在农村或开阔地区，则可能需要更高的发射功率和不同的天线方位角来扩大覆盖范围。通过对这些参数的精确控制，可以优化网络覆盖，提高通信质量。

3. 实验结论

(1) 基站的作用是提供无线通信信号覆盖，使手机能够进行通话、发送短信和上网等功能。

(2) 基站的信号强度受到多种因素的影响，包括距离、地形、建筑物和其他障碍物等。

(3) 基站会根据手机的位置和信号质量等因素进行信号调整和切换，以确保稳定的通信连接。

思考与练习

1. 填空题

(1) 超高频(SHF)的波长范围是_____cm 至 10 cm。

(2) 移动通信常使用的频段之一是特高频(UHF)，其频率范围为____MHz 至 3000 MHz。

(3) 电波传播方式主要有地面波传播、_____传播和散射传播。

(4) 多径效应主要是由_____引起的传播损耗，表现为瑞利分布。

(5) 天线的主要性能指标包括增益、方向性、_____和极化方式。

2. 单项选择题

(1) 属于毫米波频段的是(　　)。

A. 30～300 kHz　　　　　　　B. 300 kHz～3 MHz

C. 3～30 GHz　　　　　　　　D. 30～300 GHz

(2) 移动通信主要使用的频段不包括(　　)。

A. VHF　　　　　　　　　　B. UHF

C. SHF　　　　　　　　　　D. LF

(3) 以下哪种效应与移动终端和接收机之间的相对运动有关(　　)。

A. 阴影效应　　　　　　　　B. 多径效应

C. 多普勒效应　　　　　　　D. 折射效应

3. 简答题

(1) 解释什么是多径效应，并说明它对无线通信的影响。

(2) 简述移动通信中常用的天线类型及其特点。

(3) 阐述天线增益的概念及其对通信系统性能的影响。

第 3 章　移动通信的主要技术

● 知识点

(1) 蜂窝组网技术；
(2) 移动通信中采用的编码技术；
(3) 调制和抗衰落技术。

● 学习目标

(1) 了解移动通信的组网技术；
(2) 掌握移动通信的多址技术；
(3) 熟悉移动通信的编码技术；
(4) 熟悉移动通信的调制技术；
(5) 掌握移动通信的抗衰落技术。

3.1　组 网 技 术

在现代移动通信系统中，蜂窝组网技术是实现广泛、高效覆盖的基石。蜂窝网络通过将大的地理区域划分为一系列称为"小区"的覆盖区域，有效管理了频谱资源，提高了通信效率。每个小区由一座基站控制，负责处理该小区内的所有通信活动。

为了实现频谱资源的最大化利用，蜂窝网络采用了频率复用技术，允许不同的小区复用相同的频率带宽；多址技术则使得多个用户能够同时且互不干扰地使用同一频谱资源；二者是蜂窝网络高效通信的关键。

为了保证用户在移动过程中通信的连续性，蜂窝网络设计了切换(Handover)和位置更新(Location Update)机制。切换机制使得用户在不同小区间移动时，能够无缝转移通信链接到新的基站。位置更新机制则确保网络能够跟踪用户的当前所在小区，从而便于提供来电路由和服务。

3.1.1 蜂窝小区和频率复用

蜂窝组网技术

一般用小区来表示基站信号所覆盖的区域。在蜂窝系统中，小区的设计是蜂窝系统的核心。

1. 蜂窝小区的由来

蜂窝网的概念于 1947 年由美国贝尔实验室提出，通过重复使用频率解决了公用通信系统大容量与频率资源有限的矛盾。

在理想的无线环境下，小区的形状可以是环绕基站的圆形，如图 3-1(a)所示，圆的半径等于发射信号到达的范围。如果基站位于小区的中心，则小区的面积和周长由该区域内的信号强度决定，而信号强度又取决于许多因素，如地形、天线的高度、大气条件等，所以在表示真实的覆盖区域时，小区的实际形状可以是不规则图形，如图 3-1(b)所示。理论上，常用圆内接正六边形代替圆来表示无线小区形状，如图 3-1(c)所示。

(a) 理想形状　　　　　　(b) 实际形状　　　　　　(c) 理论形状

图 3-1　小区形状

当多个小区彼此邻接覆盖一个宽广的平面服务区时，最常用的是圆内接正三角形、正方形和正六边形，如图 3-2 所示。

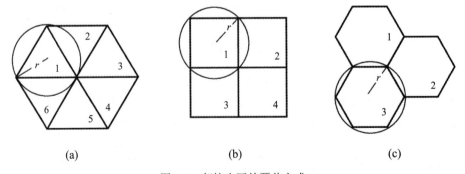

(a)　　　　　　　　(b)　　　　　　　　(c)

图 3-2　邻接小区的覆盖方式

在辐射半径 r 相同的条件下，计算这三种覆盖方式的邻区距离、小区面积、交叠区宽度和面积的公式如表 3-1 所示。从表 3-1 中可以看出，正六边形小区的邻区距离最大，因此各基站间的干扰最小；交叠区面积最小，因此同频干扰最小；交叠区宽度最小，便于实现跟踪交换；小区面积最大，在覆盖同样大小的服务区域时，所需的小区数(即基站数)最少，降低了建设成本，同时所需的频率个数最少，频率利用率高。正六边形的网络形同蜂窝，因此把小区形状为正六边形的小区制移动通信网称为蜂窝网。

表 3-1　各种覆盖方式的参数计算公式

小区形状	正三角形	正方形	正六边形
邻区距离	r	$\sqrt{2}\,r$	$\sqrt{3}\,r$
小区面积	$1.3r^2$	$2r^2$	$2.6r^2$
交叠区宽度	r	$0.59r$	$0.27r$
交叠区面积	$1.2\pi r^2$	$0.73\pi r^2$	$0.35\pi r^2$

2. 频率复用

频率复用技术是移动通信系统中提升系统容量和边缘用户通信质量的核心技术。只要小区之间相隔足够远并且信号的强度不会相互干扰，则一个小区内的频带或频道可以在另一个小区中再次使用，用这种方式可以增加每个小区的可用带宽。共同使用全部可用频率的 N 个小区称为一个簇(cluster)，簇也被称为区群。图 3-3 给出了典型的 7 小区区群，图中的 4 个区群之间没有重叠。

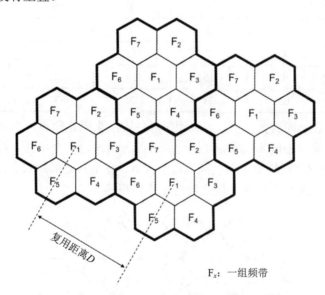

F_x：一组频带

图 3-3　7 小区区群

图 3-3 中，采用相同频道的两个小区之间的距离称为复用距离，用 D 表示。D、r、N 之间的关系可以表示为

$$D = \sqrt{3N}\,r \tag{3-1}$$

因此，复用因子 q 为

$$q = \frac{D}{r} = \sqrt{3N} \tag{3-2}$$

例 3.1　通常一个区群包含 7 个小区，如图 3-3 所示，若每个小区的半径为 1 km，求频率复用的最小距离以及复用因子。

解　因为 $N = 7$，$r = 1\ \text{km}$，根据式(3-1)可以计算出频率复用距离为

$$D = \sqrt{3N}\,r = \sqrt{3 \times 7} \times 1 \approx 4.5826\ \text{km}$$

根据式(3-2)，可以得到频率复用因子为

$$q = \frac{D}{r} = \sqrt{3N} = \sqrt{3 \times 7} \approx 4.5826$$

构成区群的基本条件是区群之间可以相邻，且无空隙、无重叠覆盖；邻接的区群应保证同频道小区之间距离相等，且为最大。通常情况下，每个区群的小区数应满足：

$$N = i^2 + ij + j^2 \tag{3-3}$$

式中，i 表示从小区的中心开始沿方向 i 经过的小区数；j 表示沿着与 i 成 60° 的方向所经过的小区数。

代入 i 和 j 的不同值，可以得到 N 的可能取值，如表 3-2 所示。

表 3-2　区群内小区数 N 的可能取值

i	j				
	0	1	2	3	4
1	1	3	7	13	21
2	4	7	12	19	28
3	9	13	19	27	37
4	16	21	28	37	48

在区群内小区数不同的情况下，可以用下面的方法来确定同频道小区的位置和距离。如图 3-4 所示，自某一小区 A 出发，先沿边的垂线方向跨越 i 个小区，再按逆时针方向转 60°，再跨越 j 个小区，这样就可到达同频道小区 A。在正六边形的六个方向上，可以找到六个相邻的同频道小区，所有 A 小区之间的距离都相等。

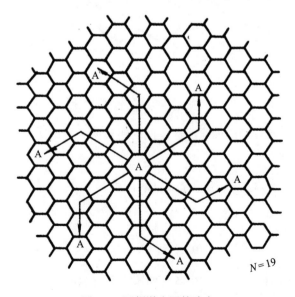

图 3-4　同频道小区的确定

可见，区群内小区数 N 越大，同频道小区的距离就越远，抗同频干扰的性能也就越好。

3. 区群的构成

一般来说，$N = i^2 + ij + j^2$，其中 i 和 j 均为整数。为了便于计算，这里假定 $i \geq j$。下面介绍一种由 N 个小区构成区群的方法。(注意该方法仅适用于 $j = 1$)。

选择一个小区，使之满足小区的中心为原点，并且构成了如图 3-5 所示的坐标平面。u 轴的正半轴和 v 轴的正半轴之间的夹角为 60°。将单位距离定义为坐标平面内两个相邻小区的中心之间的距离，即坐标轴上的单位尺寸。那么，对于每个小区中心，可以得出用于表示位置的有序对 (u, v)。

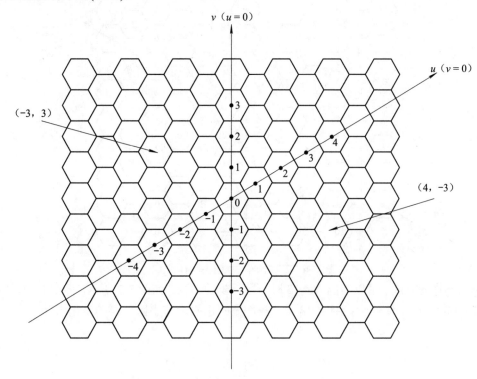

图 3-5　u 轴和 v 轴的坐标平面

由于该方法仅适用于已知 N 值且 $j = 1$ 的情形，因此整数 i 也是个定值。

$$N = i^2 + ij + j^2 = i^2 + i + 1 \tag{3-4}$$

利用式

$$L = [(i+1)u + v] \bmod N \tag{3-5}$$

可以计算得出中心位于 (u, v) 的小区标号 L。对应原点所在的小区(即中心为 $(0, 0)$ 的小区)，$u = 0$，$v = 0$，根据式(3-5)可以得到 $L = 0$，也就是说，该小区的标号为 0。接着可以计算出相邻小区的标号。标号为 $0 \sim (N-1)$ 的小区组成了一个 N 小区区群。具有相同标号的小区可以采用相同的频带。

下面给出 $N = 7$ 时计算标号的例子。根据式(3-4)，可以得出 $i = 2$。由式(3-5)可得 $L = (3u + v) \bmod 7$。这样就可以计算出中心位置为 (u, v) 的任意小区的标号 L。计算结果如表 3-3 所示。

表 3-3　$N=7$ 小区的标号

u	0	1	-1	0	0	1	-1
v	0	0	0	1	-1	-1	1
L	0	3	4	1	6	2	5

用 L 值可以标识每个小区，7 个小区区群的标号结果如图 3-6 所示，标号为 0～6 的小区构成了 1 个 7 小区区群。

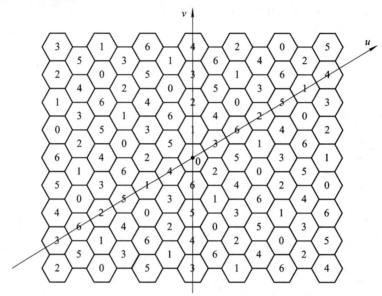

图 3-6　7 个小区区群的小区标号 L

沿用同样的方法，可以得出 $N=13$ 时小区标号的结果，如图 3-7 所示，图中 $i=3$，$j=1$，并且 $L=(4u+v)\mathrm{mod}13$。图 3-8 给出了一些常见的正六边形小区区群的复用形状。

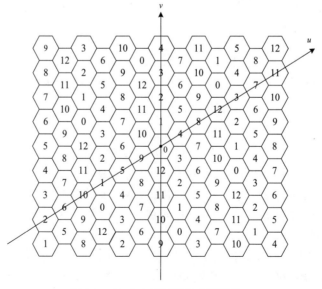

图 3-7　13 个小区区群的小区标号 L

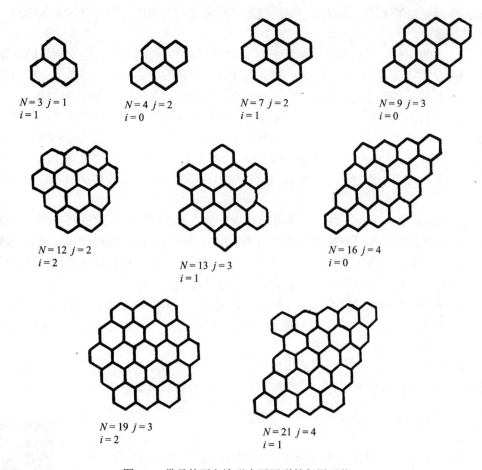

图 3-8　常见的正六边形小区区群的复用形状

4. 小区分裂

小区分裂是指通过将一个大的小区(宏小区)划分成多个较小的小区(如微小区、皮小区、飞小区等)，以提高特定区域内的服务质量和网络容量，如图 3-9 所示。

⊙ 原基站　　◎ 新基站

图 3-9　小区分裂图解

移动网络中，在业务繁忙区域，基站一般都已采用了三扇区形式，为了应对业务突增和频点资源受限的矛盾,可以对三扇区基站进行有选择的小区分裂,针对不同情况一般有以下几种做法。

(1) 一般通过在选定区域内(如商业区、体育场馆和公共聚集地点)安装新的基站硬件(如微基站、皮基站等)来实现物理上的小区分裂,然后进行必要的网络参数调整和优化,包括功率控制、小区边界定义等,以减少重叠覆盖和同频干扰,确保网络质量。

(2) 针对用户数及流量均不高,投资回报率相对较低的区域,可以通过增加功分器来实现小区数量增加,如采用 2 功分器实现 1 个 RRU 带 2 副天线;或是调整 RRU 设备与天线之间的连接方式,如每副天线仅连接 RRU 设备上的 2 个口,将 4T4R 变为 2 个 2T2R 小区,物理上变为 2 个扇区,来大幅降低建设成本,实现农村等低价值区域的无线网络快速覆盖。

(3) 针对高负荷小区,由于无线覆盖环境复杂、天线抱杆与频段资源有限、物业租金与用户协调等因素,不适合新建站点或新增频段,可以将小区天线更换为双波束天线来开通多扇区,从物理层级上将原小区一分为二以分担负荷,并严格控制过覆盖、重叠覆盖以降低同频干扰,从而有效增大站点容量,提升用户感知。

小区分裂能明显提升网络容量,提高频谱利用率,降低用户之间的干扰,改善信号覆盖。通过更细粒度的小区分布,网络可以提供更精确的定位服务,这对于某些应用(如自动驾驶、增强现实等)是非常重要的。

随着技术的不断演进和用户需求的多样化,小区分裂作为提升网络性能和服务质量的关键策略,将继续发展和优化,以支持更广泛的应用场景和服务。

3.1.2　多址技术

多址技术

移动通信系统是以信道来区分通信对象的,每个信道只能容纳一个用户进行通信,许多同时通话的用户相互以信道来区分。多址就是指当多个传输的用户共用同一个传输资源的时候,区分不同用户以及属于不同用户的数据的方法。

从 1G 到 5G,每一代通信网络的架构都不同,多址技术也发展出多种实现方法,如表3-4 所示。

表 3-4　多址技术实现方法

时　间	多　址　方　式
1G 时代	FDMA
2G 时代	TDMA、CDMA
3G 时代	CDMA
4G 时代	OFDMA、SDMA
5G 时代	NOMA(Non-Orthogonal Multiple Access, 非正交多址)

多址技术把信道分别按照频率、时间和码分割为多个子信道,再把这些子信道分配给各用户使用,如图 3-10 所示。

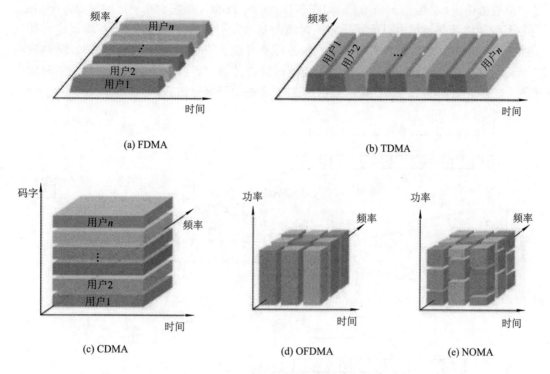

图 3-10　五种多址方式的概念示意图

1. 频分多址

频分多址(Frequency Division Multiple Access，FDMA)是将给定的频谱资源划分为若干个等间隔的频道(或称信道)，供不同的用户使用，多个信道在频率上严格分割，但在时间和空间上重叠。接收方根据载波频率的不同来识别发射地址，从而完成多址连接。

频分多址系统的频谱分割如图 3-11 所示。在频率轴上，前向信道占用高频段，反向信道占用低频段，中间为收发保护频段。在用户频道之间设有保护频隙，以免因系统的频率漂移而造成频道间的重叠。

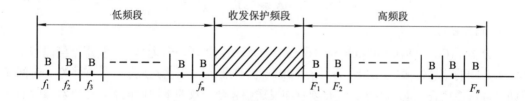

图 3-11　FDMA 系统的频谱分割示意图

在 FDMA 系统中，通常采用频分双工(FDD)的方式来实现双工通信，即接收频率和发送频率是不同的，由于所有的移动终端都使用相同的发射和接收频段，因此，不同移动终端之间不能直接通信，必须经过基站的中转。

2. 时分多址

时分多址(Time Division Multiple Access，TDMA)是在一个宽带的无线载波上，把时间分成周期性的帧，每一帧再分割成若干时隙(无论帧或时隙都是互不重叠的)，每个时隙就是一个通信信道,分配给一个用户,如图 3-12 所示。TDMA 系统根据一定的时隙分配原则,使各个移动终端在每帧内只能按指定的时隙向基站发射信号(突发信号),在满足定时和同步的条件下,基站可以在各时隙中接收到各移动终端的信号而互不干扰。同时,基站发向各个移动终端的信号都按顺序安排在预定的时隙内传输,各移动终端只要在指定的时隙内接收,就能在合路的信号(TDM 信号)中把发给它的信号区分出来。

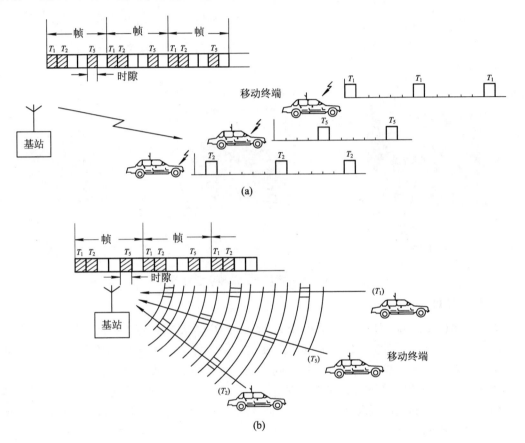

图 3-12　TDMA 系统的工作示意图

3. 码分多址

码分多址(Code Division Multiple Access,CDMA)以扩频信号为基础,利用不同码型实现不同用户间的信息传输。CDMA 系统的地址码相互(准)正交以区别地址,而在频率、时间和空间上都可能重叠。系统的接收端必须有与发送端完全一致的本地地址码,用来对接收的信号进行相关检测,其他使用不同码型的信号因为地址码不同而不能被解调,它们的存在类似于在信道中引入了噪声和干扰,通常称为多址干扰,因此一般称 CDMA 系统为自干扰系统。

在蜂窝移动通信系统中,为了充分利用信道资源,信道(地址码)是动态分配给移动用户的,其信道指配是由基站通过信令信道进行的。因此,在这种动态分配信道的系统中,码型和信道号存在一一对应的关系。

4. 空分多址

空分多址(Space Division Multiple Access,SDMA)是通过空间的分割来区分不同的用户的。在移动通信中，能实现空间分割的基本技术是采用智能天线，在不同的用户方向上形成不同的波束，如图 3-13 所示。不同的波束可采用相同的频率和相同的多址方式，也可采用不同的频率和不同的多址方式。在极限情况下，智能天线具有极小的波束和无限快的跟踪速度，它可以实现最佳的 SDMA。此时，在每个小区内，每个波束可提供一个无其他用户干扰的唯一信道。采用窄波束天线可以有效地克服多径干扰和同频干扰。尽管上述理想情况是不可实现的，它需要无限多个阵元，但采用适当数目的阵元，也可以获得较大的系统增益。

图 3-13　SDMA 示意图

5. 正交频分多址

正交频分多址(Orthogonal Frequency Division Multiple Access，OFDMA)是以 OFDM 技术为基础，用相互正交的子载波来区分用户，从而实现同一基站对不同用户的业务接入。OFDMA 在移动通信系统中的实现可以分为集中式和分布式两种方案，如图 3-14 所示。集中式方案中基站发送给同一个 UE 的下行数据占用连续的若干个子载波；分布式方案中基站发送给同一个 UE 的下行数据占用的是分隔开的若干个子载波，后者可以实现频率分集，从而获得分集增益。

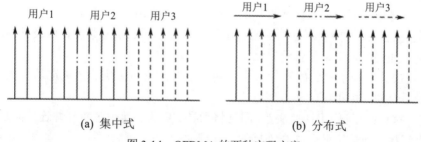

图 3-14　OFDMA 的两种实现方案

第四代移动通信系统(LTE)下行采用 OFDMA 接入技术，其最大优点是采用了子载波调制并行传输后，数据流速率明显降低，因此数据信号的码元周期相应增大，大大减少了频率选择性衰落出现的概率。多径干扰对通信系统造成了很大的负面影响，正交频分复用技术很好地解决了这个问题。

6. 非正交多址

非正交多址(Non-Orthogonal Multiple Access，NOMA)是第五代移动通信的关键技术之一。它采用非正交的功率域来区分用户，即用户之间的数据可以在同一个时隙、同一个频点上传输，仅仅依靠功率的不同来区分用户。通过不同的功率分配策略，可以为不同的用户提供不同水平的服务质量(QoS)。

NOMA 系统的子信道传输依然采用正交频分复用(OFDM)技术，子信道之间是正交的，互不干扰，但是一个子信道不再只分配给一个用户，而是由多个用户共享。同一子信道上不同用户之间是非正交传输的，这样就会产生用户间干扰问题，因此在接收端采用 SIC(串行干扰消除)技术进行多用户检测。

3.1.3　切换和位置管理

1. 切换

当正在使用网络服务的用户从一个小区移动到另一个小区(如由于无线传输业务负荷量的调整、操作维护、设备故障等原因)，为了保证通信的连续性和服务的质量，系统要将该用户与原小区的通信链路转移到新的小区上，这个过程就是切换(Handover)。

切换的成功执行依赖于明确的切换准则、有效的切换控制和合理的信道分配。

1) 切换准则

切换准则是决定是否需要执行切换的标准。切换准则通常基于以下几个因素：

(1) 信号强度：当 UE 所接收到的当前基站信号强度下降到不可接受的水平，而相邻基站的信号强度足够强时，可能触发切换。

(2) 服务质量(QoS)：当前小区无法满足服务质量要求(包括信号质量、用户数据速率、延迟等指标)时，系统可能决定执行切换。

(3) 网络负载：为了优化网络资源的使用，基于当前小区与邻近小区的负载状况进行切换，以达到负载均衡。

(4) 移动速度：高速移动的用户可能会更频繁地需要切换，以维持通信质量。

2) 切换控制

切换控制是指管理和执行切换过程的机制。它包括以下几个步骤：

(1) 测量报告：UE 持续测量当前服务小区和相邻小区的信号强度，以及其他相关的服务质量指标，并将测量结果报告给网络。

(2) 切换决策：基于收到的测量报告，网络根据预设的切换准则决定是否执行切换，以及选择最适合的目标小区。

(3) 切换执行：一旦作出切换决策，网络将指导 UE 从当前小区断开并连接到目标小区。这涉及信令交换、新信道的分配和连接的重新建立。

3) 信道分配

切换时的信道分配是指在切换过程中为 UE 在目标小区分配新的通信信道。这个过程需要考虑以下因素：

(1) 信道可用性：确保目标小区有足够的信道资源可供新进用户使用。

(2) 优先级分配：在资源紧张时，可能需要根据用户的服务类型、优先级等因素进行信道分配。

(3) 动态分配：动态调整信道分配策略，以适应网络条件的变化，优化网络性能。

切换可以分为两大类：一类是硬切换，另一类是软切换。硬切换是指在新的连接建立以前，先中断旧的连接，其间会短暂中断通信；软切换是指维持旧的连接，又同时建立新的连接，并利用新、旧链路的分集合并来改善通信质量，在与新基站建立可靠连接之后再中断旧链路，切换过程中没有明显的通信中断。

在 4G LTE 网络中，切换主要是硬切换(Hard Handover)，即 UE 在任一时刻只能与一个小区连接。

5G 网络仍采用硬切换，但引入了以下技术和策略来优化切换过程，减少切换带来的影响，提高网络性能和用户体验。

(1) 双连接(Dual Connectivity，DC)：5G 支持 UE 同时与 5G NR(New Radio)小区和 4G LTE 小区建立连接，这种机制虽然在本质上不是传统意义上的软切换，但可以在一定程度上减少 5G 与 4G 间切换的影响，提高数据传输的连续性。

(2) 快速切换流程：5G 网络通过优化信令流程和提高网络响应速度，尽可能缩短硬切换的时延，减少服务中断时间。

(3) 基于预测的切换算法：利用高级数据分析和机器学习技术，5G 网络可以更准确地预测 UE 的移动趋势和信号变化，实现更智能的切换决策，以优化用户体验和网络资源利用。

2. 位置管理

移动性是移动通信网络的最显著特征。为了对 UE 的位置进行跟踪并无缝衔接地为 UE 转发通信业务，就需要一个高效的位置管理系统。

位置管理(Location Management，LM)包括两项基本操作：位置更新(Location Update，LU)和寻呼(Paging)。位置更新在 UE 跨越网络分配的注册区边界时发起；寻呼在网络需要定位 UE 位置时发起。

1) 位置更新

在位置管理方案中，网络注册区域被划分为若干个跟踪区(Tracking Area，TA)，每个TA 包含若干个小区，多个 TA 组成了一个 TA 列表(TA List，TAL)，且允许 TAL 之间包含重叠的 TA。UE 监听寻呼信道中下传的 TA 码(TA Identity，TAI)，并判断其是否在 TAL 中，若发现此 TAI 已经不属于 TAL，将发起 TA 更新(TA Update，TAU)流程重新分配 TAL。UE在该 TAL 内部移动时无须进行 TAU；仅当进入一个不属于该 TAL 的新的 TA 时，UE 才进行一次 TAU，而后 UE 将得到一个新的 TAL。当有呼叫到达时，网络在分配给 UE 的 TAL中进行广播寻呼。

2) 寻呼

在移动通信网络中，寻呼用于在无线接入网中查找并联系到某个特定的移动 UE(如手机)。当 UE 处于空闲模式(Idle Mode)时，它并不与网络保持持续的通信连接，而是监听网络发送的寻呼消息。当网络需要联系到 UE 以建立通信连接(如接收来电、短消息或数据服务请求)时，就会发起寻呼过程。

寻呼过程的一般步骤如下：

(1) 寻呼触发：当网络需要联系到某个 UE 时，会触发寻呼过程。触发寻呼的原因可能包括来电、短消息、数据服务请求等。

(2) 寻呼区域确定：网络会根据 UE 最后注册的位置信息(如位置区 LA、路由区 RA 或跟踪区 TA)来确定寻呼应该在哪个区域进行。这个区域通常被称为寻呼区域(Paging Area)。

(3) 寻呼消息生成：网络会生成一个包含 UE 标识(如 IMSI、TMSI 等)的寻呼消息。这个消息将被发送到寻呼区域内的所有基站。

(4) 寻呼消息发送：基站会在其覆盖范围内的无线信道上发送寻呼消息。这个过程可能会涉及多个基站，以确保寻呼消息能够覆盖整个寻呼区域。

(5) UE 响应：如果 UE 在寻呼区域内并且能够接收到寻呼消息，它会发送一个响应消息给网络，表示它已经准备好建立通信连接。

(6) 通信建立：一旦网络收到 UE 的响应，它就可以开始与 UE 建立通信连接，并进行后续的通信过程。

3) 周期性位置登记

当网络端允许一个新的用户接入网络时，网络要对新的移动用户的国际移动用户识别码(IMSI)的数据作"附着"标记，表明此用户是一个被激活的用户，可以入网通信。当移动用户关机时，移动用户要向网络发送最后一次消息，其中包括分离处理请求，网络收到"分离"消息后，就在该用户对应的 IMSI 上作"分离"标记，去"附着"。

为了防止 UE 异常分离而导致寻呼失败，系统采取了周期性位置登记措施，即利用定时器要求 UE 周期性向网络汇报其位置。

3.2 编 码 技 术

编码技术

在现代移动通信系统中，原始信息在传输之前要实现两级编码：信源编码和信道编码。信源编码是将原始信息中的冗余信息进行压缩，减少传递信息所需的带宽资源，以提高传输效率；信道编码是通过增加冗余信息来对抗信道中的噪声、干扰和衰落，以提高传输的可靠性。信源编码和信道编码在通信系统模型中的位置如图 3-15 所示。

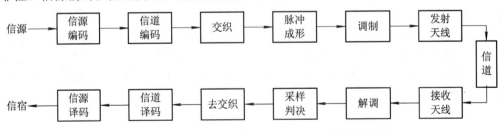

图 3-15   信源编码和信道编码在通信系统模型中的位置

3.2.1 信源编码

信源编码是将连续变化的模拟信号(如语音、图像等)转换为数字信号的过程。在早期的移动通信系统中，语音编码是信源编码的主要应用之一，其目标是以尽可能低的比特率传输高质量的语音信号。随着 4G 和 5G 技术的发展，数据业务成为主流，这要求信源编码技术能够高效处理各种类型的数据，包括文本、图像、视频和音频等。

1. 语音编码

语音编码通常分为三类：波形编码、参量编码和混合编码。

1) 波形编码

波形编码是直接对语音信号的波形进行数字化处理，如图 3-16 所示，旨在使处理后重建的语音信号波形与原语音信号的波形保持一致。通过对每个采样点进行量化和编码，波形编码能够提供高保真的音质。常见的波形编码方法包括脉冲编码调制(PCM)和增量调制(Delta Modulation)。波形编码的优点是音质较好，缺点是压缩比较低，编码速率一般为 16～64 kbit/s，不适合频率资源相对紧张的移动通信。

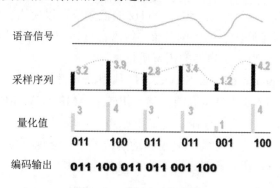

图 3-16　波形编码示意图

2) 参量编码

参量编码通过对语音信号特征参数(如声带振动模式和共振峰频率)的提取和编码，力图使重建的语音信号具有尽可能高的可靠性，即保持原语音的语意，但重建信号的波形与原语音信号的波形可能会有相当大的差别。参量编码可实现低速率的语音编码，编码速率一般为 1.2～4.8 kbit/s。接收端的合成语音虽有一定的可懂度，但自然度却下降很多，语音质量只能达到中等水平，不能满足商用语音通信的要求。常见的参量编码方法包括线性预测编码(Linear Predictive Coding，LPC)及其各种改进型。

3) 混合编码

混合编码是将波形编码和参量编码结合起来，力图保持波形编码语音的高质量与参量编码的低速率。因此，在 4～16 kbit/s 编码速率上，混合编码也能提供优良的音质。常见的混合编码方法包括多脉冲激励线性预测编码(Multi-Pulse Linear Predictive Coding，MPLPC)、码激励线性预测(Code Excited Linear Prediction，CELP)编码等。混合编码由于较高的压缩比和高合成语音质量被广泛使用，形成了多种实用标准，如 G.729 和 3GPP AMR(Adaptive Multi Rate，自适应多速率语音)等。

高质量的混合编码是移动通信中的优选方案，从 2G、3G、4G 到现在的 5G 时代，为了增强实时语音通信的清晰度，语音编码技术从 AMR-NB、AMR-WB 演进到 EVS。

(1) AMR-NB。AMR-NB(AMR-Narrow Band，窄带 AMR)是由 3GPP 制定的主要应用于 3G WCDMA 系统中的语音压缩编码。其语音信号频率范围为 300～3400 Hz，采样频率为 8 kHz，采用均匀量化(65 536 个量化电平)，编码字长为 16 bit。AMR-NB 原始语音编码速率为 8 kHz × 16 bit = 128 kbit/s，可根据无线信道和传输状况自适应调整压缩比，压缩后的编码速率为 4.75 kbit/s、5.15 kbit/s、5.90 kbit/s、6.70 kbit/s、7.40 kbit/s、7.95 kbit/s、10.2 kbit/s、12.2 kbit/s，共 8 种。

(2) AMR-WB。AMR-WB(AMR-Wide Band，宽带 AMR)是 4G VoLTE 采用的音频压缩编码。其音频信号频率范围为 50～7000 Hz，采样频率为 16 kHz，采用均匀量化(65 536 个量化电平)，编码字长为 16 bit。AMR-WB 原始音频编码速率为 16 kHz × 16 bit = 256 kbit/s，可根据无线信道和传输状况自适应调整压缩比，压缩后的编码速率为 6.60 kbit/s、8.85 kbit/s、12.65 kbit/s、14.25 kbit/s、15.85 kbit/s、18.25 kbit/s、19.85 kbit/s、23.05 kbit/s、23.85 kbit/s，共 9 种。

与 AMR-NB 的输入信号相比，50～200 Hz 的低频段可以使语音的自然度更高，3400～7000 Hz 的高频段增强了摩擦音的听觉效果，使语音整体的可懂度更高，因此 AMR-WB 能够提供比 AMR-NB 更清晰、更自然的语音质量。

(3) EVS。EVS(Enhanced Voice Service，增强型语音服务)是 5G VoNR 采用的音频压缩编码，如表 3-5 所示。EVS 支持全高清通话，相较于 AMR-WB，MOS(语音质量指标)约有 0.1～0.5 的增益提升，语音更加清晰，更贴近原声，临场感更强。同时，EVS 的抗抖动、防丢包的能力更优秀，在小区边缘和高速移动的情况下也能保证好的通话质量，另外，在同等通话质量的条件下，用户容量还能提升 1 倍甚至更多。

表 3-5　EVS 编码速率

编码方式	支持的语音编码速率/(kbit/s)
EVS-NB	5.9、7.2、8.0、9.6、13.2、16.4、24.4
EVS-WB	5.9、7.2、8.0、9.6、13.2、16.4、24.4、32、48、64、96、128
EVS-SWB	9.6、13.2、16.4、24.4、32、48、64、96、128
EVS-FB	16.4、24.4、32、48、64、96、128

从表 3-5 中可以看出，EVS 支持全频段(8～48 kHz)，编码速率的范围为 5.9～128 kbit/s，每帧时长为 20 ms。EVS 音频带宽的分布如下：

① 窄带(Narrow Band，NB)语音信号频带为 300～3400 Hz，用于各类电话通信，数字化时采样频率常用 8000 Hz，即 8 kHz。

② 宽带(Wide Band，WB)语音信号频带为 50～7000 Hz，用于电话会议、视频会议等，数字化时采样频率常用 16 kHz。

③ 超宽带(Super Wide Band，SWB)语音信号频带为 20～15 000 Hz，用于数字音频广播等，数字化时采样频率常用 32 kHz。

④ 全带(Full Band，FB)语音信号频带为 20～20 000 Hz，用于 VCD、DVD、CD 唱片、HDTV 伴音等，数字化时采样频率常用 48 kHz。

2. 图像和视频编码

2G 系统以语音通信为主，从 2.5G 开始逐步引入数据业务，其中，JPEG 是广泛使用的图像编码方案之一。随着 3G 技术的推广，移动设备开始支持视频通话和视频流服务，这就对视频编码提出了新的要求。

视频编码标准主要由国际标准化组织/国际电工委员会(ISO/IEC)的动态图像专家组(MPEG)和国际电信联盟电信标准部(ITU-T)的视频编码专家组(VCEG)提出。

由 ISO/IEC 提出的视频编码标准包括 MPEG-1、MPEG-2 和 MPEG-4，由 ITU-T 提出的标准属于建议 H.26x 系列，包括 H.261、H.262、H.263、H.264 和 H.265。其中，建议 H.262 与 MPGE-2 相同，该标准是由两大组织联合提出的；建议 H.264 也是两大组织联合提出的，被称为 MPGE-4 Part 10，又被称为 AVC(先进视频编码)。

1) 第三代移动通信(3G)

3G 系统初期采用建议 H.263，后期采用建议 H.264/AVC 进行视频编码。建议 H.264/AVC 特别适合于低比特率网络，提供了比先前标准更高的压缩效率，意味着在相同的网络条件下可以传输更高质量的视频内容。

2) 第四代移动通信(4G)

随着 4G 网络的普及，对于高清视频内容的需求急剧增加。为了更有效地传输视频，引入了高效视频编码(HEVC)或称为建议 H.265。与前一代的建议 H.264 相比，建议 H.265 提供了约两倍的数据压缩率，这意味着在保持相同视频质量的情况下，所需的数据带宽减半，或者在相同的带宽条件下可以传输更高质量的视频。这对于带宽资源有限的移动网络尤为重要，使得 4G 用户能够享受到更流畅的高清视频流服务。

对于音频服务，高级音频编码(Advanced Audio Coding，AAC)成为 4G 网络中的标准，特别是在流媒体音乐服务和视频内容中。与早期的 MP3 相比，AAC 提供了更好的音质、更高的编码效率和更低的比特率。这使得 AAC 非常适合移动通信，用户可以享受到更高质量的音频内容，同时减少数据使用量。

3) 第五代移动通信(5G)

5G 系统继续使用高效视频编码建议 H.265/HEVC，5G 网络能够更有效地处理高清视频内容，特别是对于 4K 和 8K 视频流。此外，下一代视频编码(Versatile Video Coding，VVC 或建议 H.266)技术的发展将进一步提高视频压缩效率，预计比建议 H.265/HEVC 提高至少 50%的数据压缩率。这对于 5G 网络上的超高清视频传输和实时 AR/VR 应用至关重要。高级音频编码(AAC)仍然在 5G 网络中得到应用，特别是在音乐流服务中。

随着移动通信技术的发展，信源编码技术也在不断进步，以适应日益增长的数据传输需求和提高通信效率。每一代移动通信系统的发展都伴随着新技术的应用和旧技术的改进，从而不断提高通信质量和用户体验。

3.2.2　信道编码

信道编码是在发送端给被传输的信息附上一些监督码元，这些多余的码元与信息码元之间以某种确定的规则相互关联(约束)。接收端按照既定的规则校验信息码元与监督码元之间的关系，一旦传输发生差错，信息码元与监督码元之间的关系将受到破坏，从而使接收端可以发现错误乃至纠正错误。

在某类信道中，噪声独立随机地影响着每个传输码元，因此在接收到的码元序列中的错误也是独立随机出现的，这样的信道称为随机信道；在某类信道中，噪声和干扰的影响是前后相关的，错误则是成串出现的，这样的信道称为突发信道；还有一类信道既有独立随机差错也有突发性成串差错，称为混合信道。对于不同类型的信道，应采用不同的差错控制方式。常用的差错控制方式主要有三种：前向纠错、反馈重传和混合纠错。

(1) 反馈重传：也称为自动请求重发(Automatic Repeat Request，ARQ)，发送端发送具有一定检错能力的码，在接收端译码时若发现传输中有差错，则立即通知发送端重新发送有错误的数据，直到接收端认定正确为止，从而达到纠正错误的目的。反馈重传(ARQ)需要有反馈信道，因而不能用于实时通信系统。

(2) 前向纠错(Forward Error Correction，FEC)：也称为自动纠错，发送端发送具有一定纠错能力的码，当接收端译码时，若传输中产生差错的数目在码的纠错能力之内，则译码器可以对差错进行定位并自动加以纠正；反之，若差错数目大于纠错能力，则译码器无能为力。前向纠错(FEC)方式的主要优点是不需要反馈信道并能自动纠正差错，所以它比较适合于实时传输系统。

(3) 混合纠错(Hybrid Error-Correction，HEC)：前向纠错和反馈重传两种方式的结合，发送端发送同时具有纠错与检错能力的码，在接收端译码时，检查差错情况，如果差错数目在码的纠错能力范围内，则自动加以纠正；如果差错数目超出了码的纠错能力，但能检测出错误，则经反馈信道请求重发这组数据。混合纠错方式适用于环路时延大的高速数据传输系统。

差错控制的核心是差错控制编码，不同的编码方法有不同的检错和纠错能力。下面介绍一些移动通信中常用的差错控制编码。

1. 线性分组码

线性分组码是把数据源每 k 个信息码元分成一组，增加少量监督码元，共计 n 位进行传输，码组中信息码元与监督码元之间的约束关系是线性的。包含 k 位信息码元的 n 位线性分组码，一般记为$(n，k)$，其中 $n-k$ 位监督码元是用于检错和纠错的，它只监督本码组中的 k 个信息码元。

最简单的线性分组码是偶校验码，其监督码元只有 1 位。例如，对于(3，2)偶校验码，通过添加 1 位监督码元可使整个码字中 1 的个数为偶数：

$$00 \longrightarrow 000$$
$$01 \longrightarrow 011$$
$$10 \longrightarrow 101$$
$$11 \longrightarrow 110$$

这里的码字指的是编码器输出的数据单元，包含了原始数据以及冗余信息。码字由若干个码元组成。

如果在传输过程中任何一个码字发生奇数个错误，则收到的码字不再符合偶校验的规律(即整个码字中 1 的个数为偶数)，因此可以发现误码，但不能纠正错误。

2. 卷积码

卷积码不会将(源)数据流分组，而是以连续的方式添加冗余。卷积编码器包括一组移位寄存器和模 2 加法器。编码器对输入的数据流每次 k(一般 $k=1$)个信息码元进行编码，输出 n 个码元，输出除了与本次输入的信息码元有关外，还与之前输入的 m 个信息码元有关，因此，编码器应包含有 m 级寄存器以记录这些信息，通常卷积码表示为(n, k, m)，编码效率(简称码率)$r=k/n$。卷积码的约束长度定义为串行输入比特通过编码器所需的移位次数，所以具有 m 级移位寄存器的编码器的约束长度为 $K=m+1$。

图 3-17 所示为一个$(3，1，2)$卷积码编码器，编码器每次输入 1 个码元，输出 3 个码元，这 3 个码元与本次及之前输入的 2 个码元相关，码率为 1/3，约束长度为 3。

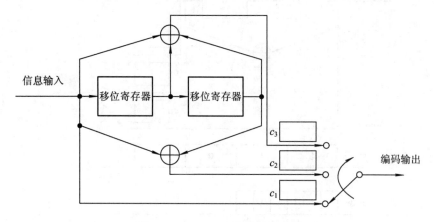

图 3-17 $(3，1，2)$卷积码编码器

图 3-17 所示的$(3，1，2)$卷积码编码器的工作过程如下：

(1) 编码前，先将各级移位寄存器清零。

(2) 假设数据源为 1011。首先输入第一个码元"1"，旋转开关依次接到 c_1、c_2、c_3，编码输出为"111"，如图 3-18 所示。

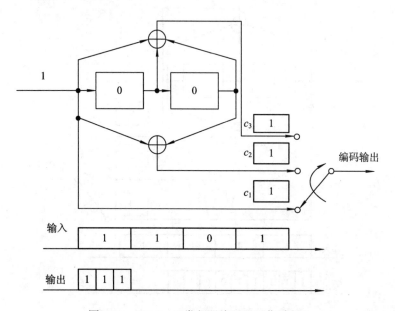

图 3-18 $(3，1，2)$卷积码编码器工作过程 1

(3) 当输入第二个码元"1"时，之前的码元右移一位，编码输出为"110"，如图 3-19 所示。

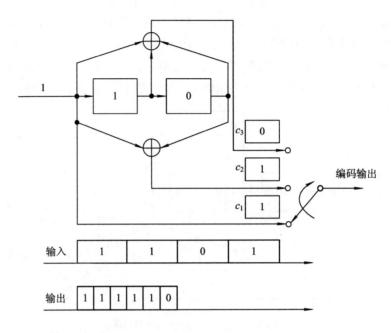

图 3-19 (3，1，2)卷积码编码器工作过程 2

(4) 当输入第三个码元"0"时，之前的码元右移一位，编码输出为"010"，如图 3-20 所示。

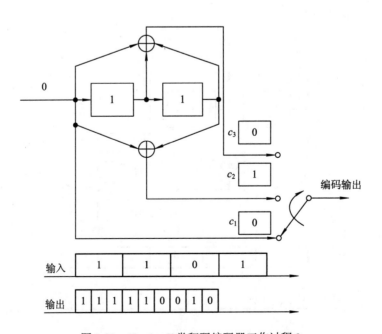

图 3-20 (3，1，2)卷积码编码器工作过程 3

(5) 当输入第四个码元"1"时，之前的码元右移一位，编码输出为"100"，如图 3-21 所示。

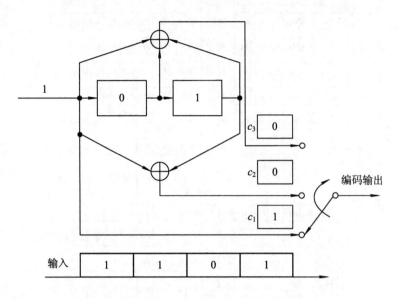

图 3-21　(3，1，2)卷积码编码器工作过程 4

4G LTE 采用了码率为 1/3、约束长度为 7 的"咬尾卷积码"作为控制信道的编码方案。与普通卷积码方案采用全"0"的寄存器初始状态不同，在"咬尾卷积码"中，6 个寄存器的初始状态设置为编码数据块最后 6 个比特的数值，这样卷积编码的起始和结束将使用相同的状态，省去了普通卷积码方案中用于将结束状态归"0"的尾比特。

3. 交织

线性分组码、卷积码等信道编码仅在检测和纠正随机错误时才有效，当衰落信道由于一个突发差错导致一连串错误时，可能会超出单一纠错码的纠错能力，导致无法完全纠正错误。交织技术可以通过打乱码字比特之间的相关性，将信道传输过程中的成群突发错误转换为随机错误，随机错误更容易通过纠错编码技术加以纠正。

交织是通过对寄存器按行写入和按列读出来实现的，如图 3-22 所示。信道编码后的码字逐行写入交织寄存器，再逐列读出并发送出去，经过突发信道后，在接收端将接收到的数据逐行写入去交织寄存器，再逐列读出码字进行信道译码。在信道传输过程中如果出现了如图 3-22 中所示的连续误码，去交织后较长的连续误码会离散成随机误码，对于出错的几个码字来讲，每个码字只是错了一个码元，在信道译码时很容易纠错。

交织技术改变了数据流的传输顺序，从而将连续的突发错误转化为随机错误，使得这些错误更易于被纠错码纠正。但也因此带来了附加的额外时延，因为交织技术改变了数据流的传输顺序，必须要等整个数据块接收后才能纠错。特殊情况下，若干个随机独立差错有可能交织为突发差错。交织技术除了与线性分组码结合应用，还可以与卷积码结合起来，用于纠正移动信道中的突发错误。

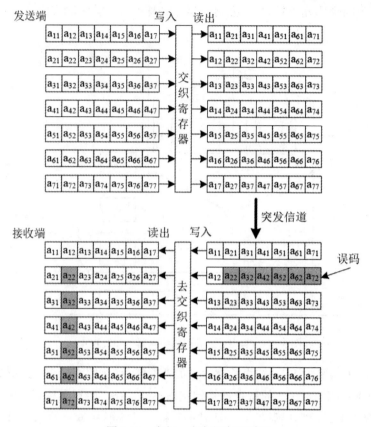

图 3-22　交织、去交织实现原理

4. Turbo 码

Turbo 码是一种并行级联卷积码(Parallel Concatenated Convolutional Codes)，可以获得接近香农极限的性能，由法国人 Berrou 等于 1993 年首次提出。Turbo 码的思想是利用短码来构造长码，通过对长码的伪随机交织，实现大约束长度的随机编码。在译码时，则使用迭代译码，将长码化成短码，从而以较小复杂度来获得接近最大似然译码的性能。

由图 3-23 可以看出，Turbo 码编码器由两个系统卷积编码器和一个交织器组成，两个卷积编码器具有反馈功能，并通过交织器连接，不同码率的码组通过对校验位进行删余获得。

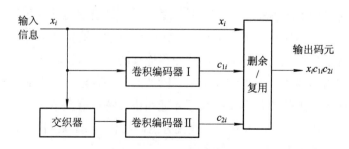

图 3-23　Turbo 码编码器框图

接收端对收到的数据进行串/并转换，以分离出信息序列和两个校验序列，对于那些有删余的位置需要补 0，以恢复原始的码率。Turbo 码译码器框图如图 3-24 所示。译码器 I 首先会对接收到的信息序列进行解码。在这个过程中，它不会直接对信息序列进行硬判决(即直接决定是 0 还是 1)，而是会输出一个软信息(即每个比特为 0 或 1 的概率或似然比)，这个软信息被称为"外信息 1"。这个外信息 1 可以帮助译码器 II 进行更精确的解码。交织器的主要作用是确保译码器 II 的输入信息在统计上是独立的，从而帮助译码器 II 更准确地解码。译码器 II 使用与译码器 I 相似的方法，并结合外信息 1，对交织后的信息序列进行解码。在解码过程中，译码器 II 也会产生一个软信息，即"外信息 2"。这个外信息 2 经过去交织后，被反馈回译码器 I，作为译码器 I 的额外输入信息。这一过程(即译码器 I 和译码器 II 之间的信息交换)会重复多次，称为"循环迭代"。每次迭代都会使译码结果更加精确。经过多次迭代后，通常会对译码器 II 输出的似然序列进行去交织，并进行硬判决(即根据似然比决定每个比特是 0 还是 1)，从而得到最终的译码输出。

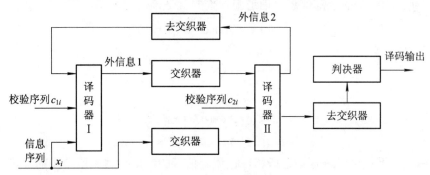

图 3-24　Turbo 码译码器框图

4G LTE 采用了 Turbo 码作为数据信道的纠错编码方案。

5. LDPC 码

LDPC(Low-Density Parity-Check，低密度奇偶校验)码是一类具有稀疏校验矩阵的线性分组码，由麻省理工学院的 Robert Gallager 在 1963 年的博士论文中提出。LDPC 码具有逼近香农极限的优异性能，并且具有译码复杂度低、可并行译码以及译码错误的可检测性等特点，因此被选为 5G 中 eMBB 场景的主要信道编码技术，用于数据通道的编码。

6. Polar 码

Polar 码基于信道极化理论，是一种线性分组码，由土耳其科学家 Erdal Arıkan 在 2008 年提出。它是第一个被证明能够在二元输入离散无记忆(B-DMC)信道上达到香农极限的编码方案，因此引起了广泛关注。Polar 编码的核心思想是通过特定的变换过程，实现信道的极化效应，使部分信道变得非常好，而另一部分变得非常差，从而只在好信道上传输信息比特，以此达到高效的错误更正能力。相比于 LDPC 码，Polar 码有着较低复杂度的编译码算法，特别适合于低数据率和高可靠性要求的通信场景。因此，Polar 编码被选为 5G 标准中 uRLLC 场景的控制信道编码方案。

以上这些信道编码技术的引入和发展，显著提高了移动通信的数据传输质量、速率和可靠性，是移动通信技术进步的重要标志。

调 制 技 术

调制就是将信息承载到满足信道要求的高频载波信号上的过程。信号源的信息(也称为信源)含有直流分量和频率较低的交流分量，称为基带信号。基带信号一般不能直接作为传输信号，必须将其转变为一个相对基带信号而言频率非常高的信号，以适合于信道传输，这个信号叫作已调信号，基带信号叫作调制信号。

如图 3-25 所示，$x(t)$ 是调制信号，即数据终端产生的基带信号；$C(t)$ 是载波，A_c 是载波幅度，f_c 是载波频率，简称载频，θ_0 是载波的初始相位；$s(t)$ 是已调信号，即调制后的频带信号，其中包含了 $x(t)$ 的全部信息，信道中传输的就是该信号，有

$$s(t) = A_c x(t)\cos(2\pi f_c t + \theta_0) \tag{3-6}$$

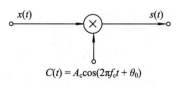

图 3-25　调制原理

通过调制，不仅可以进行频谱搬移，把调制信号的频谱搬移到所希望的位置上，从而将调制信号转换成适合于信道传输或便于信道多路复用的已调信号，而且它对系统的传输有效性和传输可靠性有着很大的影响。

调制过程用于通信系统的发送端。在接收端需将已调信号还原成要传输的原始信号，该过程称为解调。相干解调(根据信号的相干性，通过本地相干载波进行相干运算，从已调信号中恢复原始信号的方法)的实现原理如图 3-26 所示。

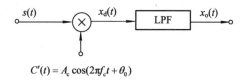

图 3-26　相干解调的实现原理

假设载波的初始相位是 0，则有

$$x_d(t) = s(t)C'(t) = A_c^2 x(t)\cos^2 2\pi f_c t = \frac{1}{2}A_c^2 x(t) + \frac{1}{2}A_c^2 x(t)\cos 4\pi f_c t$$

所以低通滤波器 LPF 的输出信号为

$$x_o(t) = A_c \frac{x(t)}{2}$$

按照调制器输入信号的形式，调制可分为模拟调制和数字调制。模拟调制指利用输入的模拟信号直接调制(或改变)载波(正弦波或余弦波)的振幅、频率或相位，从而得到调幅(AM)、调频(FM)或调相(PM)信号。数字调制指利用数字信号来控制载波的振幅、频率或相位，从而得到振幅键控(ASK)、移频键控(FSK)和移相键控(PSK)调制方式。从第二代移动通信系统开始，采用的都是数字调制技术。

移动通信信道的基本特征如下：

(1) 带宽有限，它取决于使用的频率资源和信道的传播特性；

(2) 干扰和噪声影响大，这主要是由移动通信工作的电磁环境所决定的；

(3) 存在着多径衰落。

针对移动通信信道的特点，移动通信系统要求已调信号应具有高的频谱利用率和较强的抗干扰、抗多径衰落的能力。高的频谱利用率要求已调信号所占的带宽窄，这意味着已调信号频谱的主瓣要窄，同时副瓣的幅度要低(即辐射到相邻频道的功率要小)。对于数字调制而言，频谱利用率常用单位频带(1 Hz)内能传输的比特率(bit/s)来表征。高的抗干扰和抗多径衰落性能要求在恶劣的信道环境下，经过调制解调后的输出信噪比(Signal-to-Noise Ratio, SNR)较大或误码率较低。

目前已在数字蜂窝移动通信系统中得到广泛应用的数字调制方案有如下两类：

(1) 恒包络调制技术：不管调制信号如何变化，载波振幅都保持恒定。恒包络调制技术有 2FSK、MSK、GMSK 等。采用恒包络调制技术的功率放大器工作在 C 类，具有带外辐射低、接收机电路简单等优点，但其频带利用率比线性调制技术稍差一些。

(2) 线性调制技术：已调信号的幅值随调制信号线性变化。线性调制技术有 QPSK、π/4-QPSK、MPSK 和 MQAM 等。线性调制技术具有频段利用率高的特点。

现代移动通信系统常用的数据信道调制方式有很多，最常见的是 PSK 调制和 QAM 调制，如表 3-6 所示。

表 3-6　现代移动通信系统常用的数据信道调制方式

类　　别	调　制　方　式
GSM	MSK、GMSK
CDMA	QPSK、π/4-QPSK、8PSK、16QAM
3G	QPSK、16QAM
4G	QPSK、16QAM、64QAM、256QAM
5G	π/2-BPSK、QPSK、16QAM、64QAM、256QAM

3.3.1　PSK 调制

PSK(Phase Shift Keying，相移键控)是让高频载波的相位随着输入的数字信号变化的一种数字调制方式，可以分为绝对移相和相对移相两种。

(1) 绝对移相：固定地用某种相位的载波表示“1”，另一种相位的载波表示“0”。

(2) 相对移相：利用前后相邻码元的相对相位值来表示数据码元，如相邻码元载波相位(一般为初相)变化表示"1"，不变表示"0"。

1. 二相相移键控(BPSK)

BPSK(Binary Phase Shift Keying,二相相移键控)载波的相位有两种(0、π 或者 $-\pi/2$、$\pi/2$)，分别代表 0 和 1，其波形如图 3-27 所示。

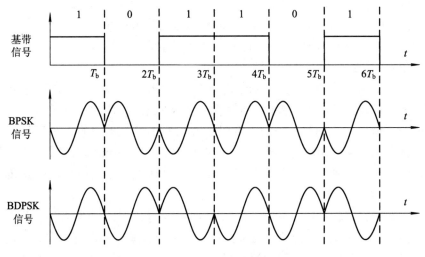

图 3-27　BPSK 和 BDPSK 波形

BPSK 调制的实现原理如图 3-28 所示。

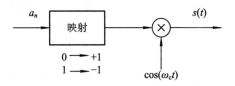

图 3-28　BPSK 调制的实现原理——直接调相法

设输入到调制器的比特流为$\{a_n\}$，$a_n = 1$ 或 0，$n = -\infty \sim +\infty$，则 BPSK 输出信号形式为

$$s(t) = \begin{cases} \cos(\omega_c t + 0) = \cos(\omega_c t) & a_n = 0 \\ \cos(\omega_c t + \pi) = -\cos(\omega_c t) & a_n = 1 \end{cases} \quad nT_b \leqslant t < (n+1)T_b \tag{3-7}$$

BPSK 信号可采用相干解调和差分相干解调，其相干解调框图如图 3-29 所示，BPSK 解调波形如图 3-30 所示。

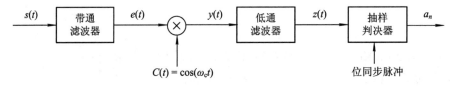

图 3-29　BPSK 相干解调原理框图

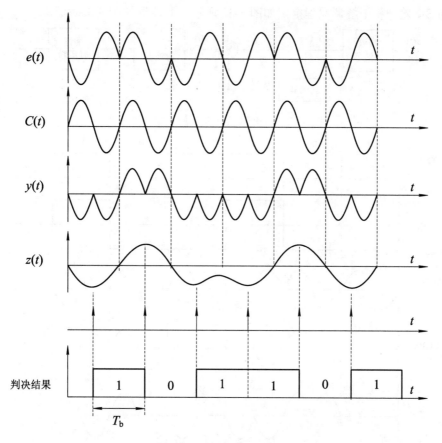

图 3-30　BPSK 解调波形

　　当采用绝对调相方式时，由于发送端是以某一个相位作基准的，因而在接收系统中也必须有这样一个固定基准相位作参考。如果这个参考相位发生了变化(0 相位变 π 相位或 π 相位变 0 相位)，则恢复的数字信息就会发生 0 变为 1 或 1 变为 0，从而造成错误的恢复。考虑到实际通信时参考基准相位的随机跳变是可能的，而且在通信过程中不易被发觉，因此采用 BPSK 方式就会在接收端发生错误的恢复。这种现象常称为 BPSK 方式的"倒 π"现象或"反向工作"现象。为此，实际中一般不采用 BPSK 方式，而是采用相对移相BDPSK(Binary Differential Phase Shift Keying)方式。

　　BDPSK 是根据前一个符号与当前符号的关系来调制相位的。与标准的 BPSK 不同，BDPSK 不需要对载波的相位进行绝对参考，这使得同步更容易实现，特别是在没有清晰参考的非相干通信系统中。BDPSK 调制的实现原理如图 3-31 所示。a_n 是输入的二进制序列，b_n 是差分编码后的序列。通常情况下，b_n 的每个比特是通过将 a_n 中当前比特与前一个比特进行异或操作得到的(如果前一个比特为 1，则当前比特翻转，否则保持不变)。然后，根据 b_n 生成调制信号 $s(t)$，如果 b_n 为 0，则相位保持不变，如果 b_n 为 1，则相位翻转 180°。

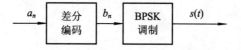

图 3-31　BDPSK 调制的实现原理

BDPSK 差分相干解调原理框图如图 3-32 所示，其波形如图 3-33 所示。

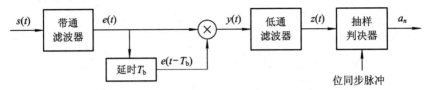

图 3-32　BDPSK 差分相干解调原理框图

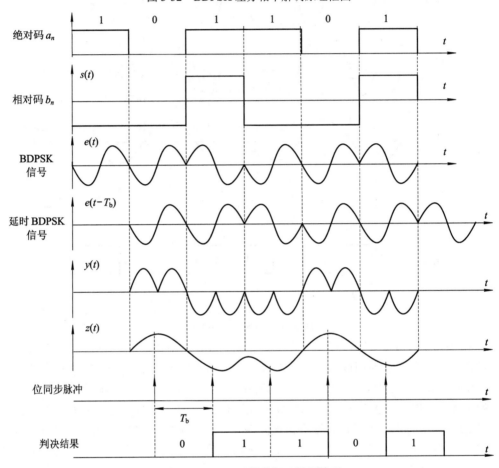

图 3-33　BDPSK 差分相干解调波形

星座图是一种直观地表示调制信号相位和幅度的图形。BPSK 调制星座图如图 3-34 所示，星座图上只有两个点，分别位于坐标原点的两侧，对应于两种可能的相位状态。因为 BPSK 信号的幅度保持不变，因此星座图上的两个点具有相同的幅度，但相位相差 180°。

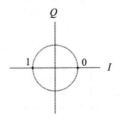

图 3-34　BPSK 调制星座图

2. 正交相移键控(QPSK)

正交相移键控(Quadrature Phase Shift Keying，QPSK)是利用载波的 4 种相位，即 $\pi/4$、$3\pi/4$、$5\pi/4$、$7\pi/4$ 分别代表 00、01、11、10 进行数据的传输，其波形示例如图 3-35 所示。与 BPSK 相比，QPSK 可以在相同的带宽下传输双倍的数据量。

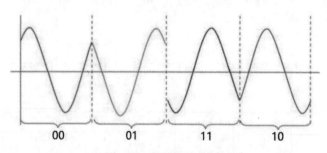

图 3-35　QPSK 波形示例

QPSK 调制原理框图如图 3-36 所示，QPSK 调制器会将输入的数据流分成两个相互正交的信号分量，即一个同相分量(In-phase，I)和一个正交分量(Quadrature，Q)，并分别用这两个分量来调制载波信号的相位。

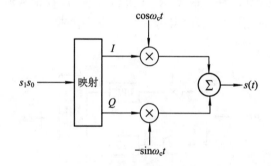

图 3-36　QPSK 调制原理框图

输入数据、对应的 I、Q 数据及 4 个载波相位之间的映射关系如表 3-7 所示。

表 3-7　QPSK 调制的映射关系

输入数据 $s_1 s_0$	I、Q 数据	输出信号相位
00	$+\dfrac{1}{\sqrt{2}}, +\dfrac{1}{\sqrt{2}}$	$\pi/4$
01	$-\dfrac{1}{\sqrt{2}}, +\dfrac{1}{\sqrt{2}}$	$3\pi/4$
11	$-\dfrac{1}{\sqrt{2}}, -\dfrac{1}{\sqrt{2}}$	$5\pi/4$
10	$+\dfrac{1}{\sqrt{2}}, -\dfrac{1}{\sqrt{2}}$	$7\pi/4$

假定输入 QPSK 调制器的数据为 0110110001101100(左边的数据先进入调制器)，经 QPSK 调制后的信号 $s(t)$ 的时域信号波形如图 3-37 所示。

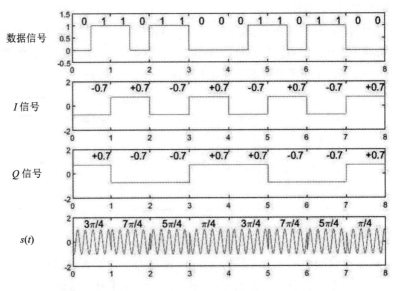

图 3-37　QPSK 调制波形

QPSK 的解调原理框图如图 3-38 所示，低通滤波后，I、Q 信号波形就可以被恢复出来，只要在每个码元的中间时刻进行采样判决，就可以恢复数据。

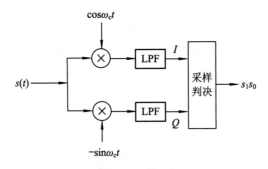

图 3-38　QPSK 的解调原理框图

QPSK 调制星座图如图 3-39 所示。在星座图上有 4 个点，以原点为中心，构成一个正方形。这 4 个点到原点的距离相同，所以载波的振幅没有改变，只改变了相位。在 QPSK 调制中，每个符号代表两个数据位，所以数据传输速率为符号传输速率的两倍。

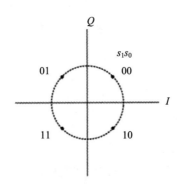

图 3-39　QPSK 调制星座图

3. 八相相移键控(8PSK)

BPSK 利用载波的 2 个相位分别代表 0 和 1 进行数据的传输，QPSK 利用载波的 4 个相位分别代表 00、01、11、10 进行数据的传输；同理，也可以利用载波的 8 个相位来进行数据的传输，这就是 8PSK，其载波相位有 8 种，分别代表 000、001、011、010、110、111、101、100。

输入数据被划分为 3 个比特一组，对应的 I、Q 数据及 8 个载波相位之间的映射关系如表 3-8 所示。

表 3-8　8PSK 调制的映射关系

输入数据 $s_2s_1s_0$	I、Q 数据	输出信号相位
000	$+\cos(\pi/8)$，$+\sin(\pi/8)$	$\pi/8$
001	$+\sin(\pi/8)$，$+\cos(\pi/8)$	$3\pi/8$
011	$-\sin(\pi/8)$，$+\cos(\pi/8)$	$5\pi/8$
010	$-\cos(\pi/8)$，$+\sin(\pi/8)$	$7\pi/8$
110	$-\cos(\pi/8)$，$-\sin(\pi/8)$	$9\pi/8$
111	$-\sin(\pi/8)$，$-\cos(\pi/8)$	$11\pi/8$
101	$+\sin(\pi/8)$，$-\cos(\pi/8)$	$13\pi/8$
100	$+\cos(\pi/8)$，$-\sin(\pi/8)$	$15\pi/8$

在 QPSK 调制的星座图中，发射信号点都是在单位圆的 1/4 位置处。同理，对于 8PSK，发射信号点都是在单位圆的 1/8 位置处，每个星座点到原点的距离均为 1，故 8PSK 调制星座图如图 3-40 所示。

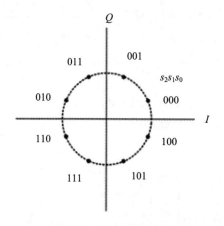

图 3-40　8PSK 调制星座图

3.3.2　QAM 调制

很明显，随着相位数的增加，一个码元可以传输的比特数也随之增加，但相位数不能无限制地一直增加下去，因为随着相位数的增多，相邻相位之间的相位差减小，已调信号的抗干扰能力将降低。振幅相位联合键控(APK)方式可以很好地克服这一问题。在这种调制方式中，同时改变载波信号的幅度和相位来传输多个比特的信息，把多进制与正交载波技术结合起来，可进一步提高频带利用率。其中，研究和应用较多的是正交振幅调制(Quadrature Amplitude Modulation，QAM)。QAM 技术有 8QAM、16QAM、64QAM 和 256QAM 等，下面以 16QAM 为例进行介绍。

16QAM 幅度和相位的组合共 16 种，分别表示 0000、0001、0011、0010、…、1001、1000，如图 3-41 所示。

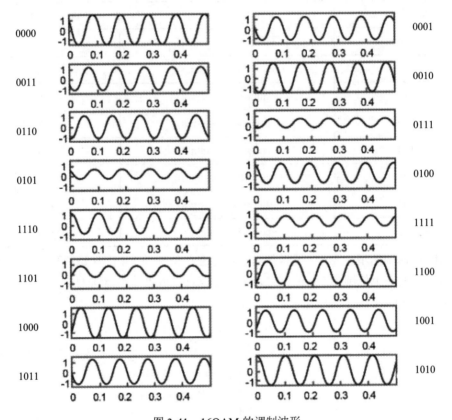

图 3-41　16QAM 的调制波形

16QAM 的调制原理框图如图 3-42 所示。

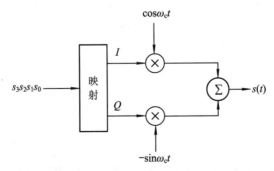

图 3-42　16QAM 的调制原理框图

输入数据与对应的 I、Q 数据的映射关系如表 3-9 所示。

表 3-9　16QAM 的调制映射关系

输入数据 $s_3s_2s_1s_0$	I、Q 数据(其中，$A = 1/\sqrt{10}$)	输入数据 $s_3s_2s_1s_0$	I、Q 数据(其中，$A = 1/\sqrt{10}$)
0000	$+3A$，$+3A$	1100	$+3A$，$-A$
0001	$+A$，$+3A$	1101	$+A$，$-A$
0011	$-A$，$+3A$	1111	$-A$，$-A$
0010	$-3A$，$+3A$	1110	$-3A$，$-A$
0110	$-3A$，$+A$	1010	$-3A$，$-3A$
0111	$-A$，$+A$	1011	$-A$，$-3A$
0101	$+A$，$+A$	1001	$+A$，$-3A$
0100	$+3A$，$+A$	1000	$+3A$，$-3A$

16QAM 的解调原理框图如图 3-43 所示。经低通滤波后，I、Q 信号波形就可以被恢复出来，只要在每个码元的中间时刻进行采样判决，就可以恢复数据。

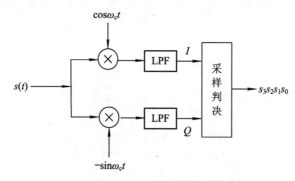

图 3-43　16QAM 的解调原理框图

16QAM 有两种星座图，如图 3-44 所示。

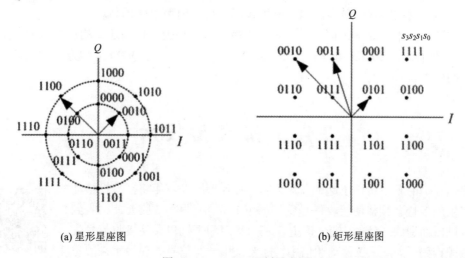

(a) 星形星座图　　　　　　　　　(b) 矩形星座图

图 3-44　16QAM 调制星座图

矩形星座图有 3 个幅值，星形星座图有 2 个幅值。矩形星座图有 12 个相位值，而星形星座图有 8 个相位值。星形星座图的最小相位偏移为 45°，而矩形星座图的最小相位偏移为 18°，因星形星座图的最小相位偏移比矩形星座图大，故其抗相位抖动的能力较强。

64QAM 调制星座图如图 3-45 所示，包含 64 个点，这些点均匀分布在平面上，形成 8×8 的网格。每个点的位置对应于特定的符号(每个符号携带 6 bit 的信息)，这些符号通过调制过程映射到信号的幅度和相位上。

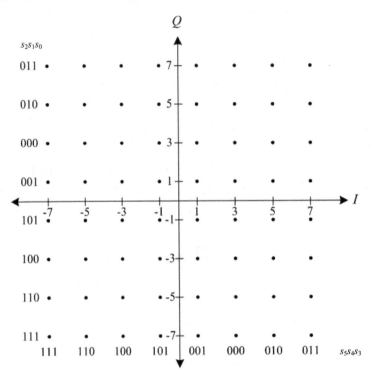

图 3-45　64QAM 调制星座图

不同阶数数字调制的调制效率不同。在相同码元速率情况下，数字调制的阶数越高，每个码元承载的比特数就越多，调制效率越高，比特速率也就越高。

移动通信技术对数据传输速率要求越来越高，一种提高传输速率的思路是使用更高阶的 QAM 调制方式，如 5G NR 的 256QAM PDSCH。更高阶的 QAM 调制方式对系统也提出了更高的要求。

3.4　抗衰落技术

移动通信的多径传播引起的瑞利衰落、时延扩展以及伴随接收机移动过程产生的多普勒频移使接收信号受到严重的衰落；阴影效应会使接收到的信号过弱而造成通信的中断；信道存在的噪声和干扰也会使接收信号失真而造成误码。因此，在移动通信中，需要采用一些信号处理技术来改善接收信号的质量。分集技术、均衡技术、信道编码技术是最常见的信号处

分集与均衡技术

理技术，根据信道的实际情况，它们可以独立使用或联合使用。

3.4.1 分集技术

在移动通信中为对抗衰落产生的影响，常采用的有效措施之一是分集接收。所谓分集接收，是指利用多条传输相同信息且衰落特性相互独立的信号路径，在接收端对这些信号进行适当的合并，以便大大降低多径衰落的影响，从而改善传输的可靠性。

分集技术对信号的处理包含两个过程，一是接收端要获得多个相互独立的多径信号分量，二是对获得的多个相互独立的多径信号分量进行处理以获得信噪比的改善，这就是合并技术。为了在接收端得到多个相互独立的接收信号，一般可以利用不同路径、不同频率、不同时间、不同角度、不同极化等接收手段来获取。

1. 分集技术的分类

移动无线信号的衰落分为以下两种。

(1) 宏观衰落：也称阴影衰落，使接收的信号平均功率(或者信号的中值)在一个相当长的空间(或时间)区间内发生波动。

(2) 微观衰落：也称快衰落，多径传播使得信号在一个较短的距离或时间内信号强度发生急剧的变化(但信号的平均功率不变)。

针对这两种不同的衰落，常用的分集技术也可以分为两种。

(1) 宏观分集：也称为多基站分集，用于消除阴影衰落的影响。其方法是在不同地点设置多个基站，同时接收移动终端的信号。由于这些基站接收天线相距甚远，所接收到的信号的衰落是相互独立、互不相关的，移动终端可选用其中信号最好的一个基站进行通信。

(2) 微观分集：用于消除快衰落的影响，包括空间分集、频率分集、时间分集、角度分集、极化分集等。

① 空间分集。由于多径传播的结果，在移动信道中不同地点的信号衰落情况是不同的。在任意两个不同的位置上接收同一信号，只要两个位置的距离大到一定的程度，则两处所接收到的信号的衰落是不相关的。使接收信号不相关的两副天线的距离，因移动终端天线和基站天线所处的环境不同而有所区别，一般要求天线间的间隔距离等于或大于半个波长。

空间分集既可用于基站，也可用于移动终端，还可同时用于这两者。MIMO 是一种典型的空间分集。

② 频率分集。将要传输的信息分别以不同的载频发射出去，只要载频之间的间隔足够大(大于相干带宽)，则在接收端就可以得到衰落特性不相关的信号，以实现频率分集。

与空间分集相比，频率分集减少了接收天线的数目，但占用了更多的频谱资源，在发射端需要多部发射机来同时发送信号，在接收端需要多个接收机来接收信号，因此发送和接收设备比较复杂。直接序列扩频是一种典型的频率分集。

③ 时间分集。将给定的信号在时间上相差一定的间隔重复传输 M 次，只要时间间隔大于相干时间，就可以得到 M 条独立的分集支路。相干时间与移动终端运动速度成反比，当移动终端处于静止状态时，时间分集基本上是没有用处的。

时间分集与空间分集相比，其优点是减少了接收天线的数目，缺点是要占用更多的时隙资源，从而降低了传输效率。ARQ 技术可以认为是时间分集的一种。

④ 角度分集。角度分集是利用单个天线上不同角度到达的信号的衰落独立性来实现抗衰落的一种分集方式。角度分集是空间分集的一个特例，与空间分集相比，角度分集在空间利用上有独特的优势，但性能比空间分集稍差。智能天线是一种典型的角度分集。

⑤ 极化分集。极化分集利用天线水平极化和垂直极化的正交性来实现信号衰落的不相关性。极化分集可以看作空间分集的一种特殊情况，虽然二重分集情况下也要用两副天线，但其结构紧凑、空间利用率高。由于射频功率分给两个不同的极化天线，因此发射功率要损失 3 dB。

2. 分集的合并方式

分集在获得多个衰落特性相互独立的信号后，需要对它们进行合并处理，从而获得分集增益。合并可以在中频进行，也可以在基带进行，通常采用加权相加方式合并。选择不同的加权系数，就可以构成不同的合并方式，常用的三种合并方式为选择式合并、最大比值合并、等增益合并。

(1) 选择式合并。在所接收的多路信号中，合并器选择信噪比最高的一路输出，加权系数只有这一项为 1，其余均为 0。此时，合并器相当于一个开关，在各支路噪声功率相同的情况下，系统把开关置于最大信号功率的支路，输出的信号就有最大的信噪比。选择式合并的示意图如图 3-46 所示。选择式合并是所有合并方法中最简单的一种。

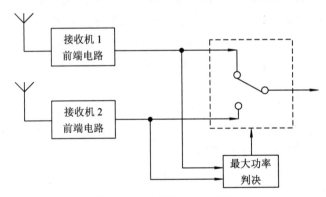

图 3-46　选择式合并示意图

(2) 最大比值合并。在选择式合并中，只选择其中一个信号，其余信号被抛弃。这些被弃之不用的信号都具有能量并且携带相同的信息，若把它们也利用上，将会明显改善合并器输出的信噪比。最大比值合并就是把各支路信号加权后合并，其示意图如图 3-47 所示。在信号合并前对各支路载波相位进行调整并使之同相，然后相加，各支路加权系数与该支路信噪比成正比。信噪比越大，加权系数越大，对合并后信号的贡献也越大。

(3) 等增益合并。最大比值合并有最好的性能，但需要实时测量出每个支路的信噪比，以便及时对加权系数进行调整，实现电路比较复杂。若将各支路加权系数都设为 1，则成为等增益合并。虽然等增益合并的性能比最大比值合并差一些，但实现起来要容易得多，且当支路数较多时，等增益合并的合并增益接近于最大比值合并的合并增益。

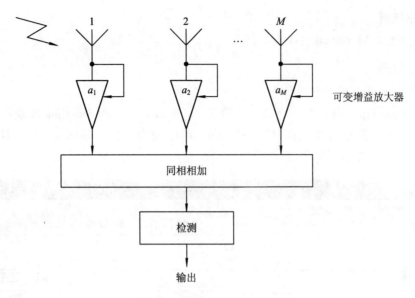

图 3-47　最大比值合并示意图

3.4.2　均衡技术

均衡是指对信道特性的均衡，即接收端的均衡器(起补偿作用的可调滤波器)产生与信道相反的特性，用来抵消信道的时变多径传播特性引起的码间干扰。换句话说，就是通过均衡器消除信道的频率和时间的选择性。由于信道是时变的，就要求均衡器的特性能够自动适应信道的变化而均衡，故称自适应均衡。

广义上均衡可以分为时域均衡和频域均衡。

(1) 时域均衡：直接对接收到的时域信号进行处理，使包括可调滤波器在内的整个系统的总特性满足无码间干扰条件。时域均衡器在单载波系统中更为常见，也可以在 OFDM 系统中作为补充技术，在一些特殊情况下提供改进。

(2) 频域均衡：在频率域对接收信号进行操作。它利用一个可调滤波器的频率特性去补偿信道或系统的频率特性，使包括可调滤波器在内的基带系统的总特性接近无失真传输条件。

频域均衡特别适用于处理多径效应和频率选择性衰落。在 4G 和 5G 移动通信系统中，频域均衡是主要采用的均衡形式，这与 4G 和 5G 系统中广泛使用的正交频分复用(OFDM)技术密切相关。

3.5　技能训练——信道编码仿真

1. 实验内容

(1) 基于 Simulink 的卷积码仿真；

(2) 交织编码的 Matlab 实现。

2. 实验材料

计算机 1 台，Matlab 软件 1 套。

3. 实验原理

1) 基于 Simulink 的卷积码仿真

(1) 打开 Matlab 软件，在命令窗口中输入"simulink"，启动 Simulink 模块库浏览器。

(2) 执行模块库浏览器的菜单 File→New→Model 命令，打开 Simulink 模型编辑窗口，完成如图 3-48 所示的模型的搭建。

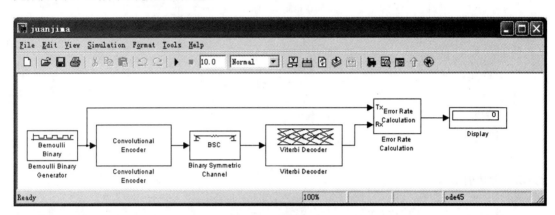

图 3-48　卷积码的仿真框图

(3) 依次按需要设置各模块的参数。

① Bernoulli Binary Generator(伯努利二进制随机数产生器)模块。

伯努利二进制随机数产生器模块用于产生一个伯努利随机二进制数，指定可能的值，并产生一个输出。在使用每个模块时，都需要设置一些参数以满足特定的实验要求。双击该模块，可打开如图 3-49 所示的模块参数设置界面。

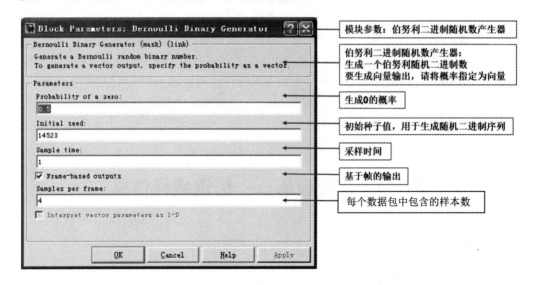

图 3-49　伯努利二进制随机数产生器模块参数设置界面

② Convolutional Encoder(卷积码编码器)模块。

卷积码编码器模块用于卷积编码，可以设置编码器的约束长度、生成多项式以及输入数据的采样率等参数。双击该模块，可打开如图 3-50 所示的模块参数设置界面。

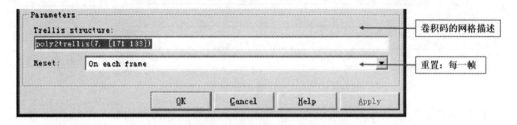

图 3-50　卷积码编码器模块参数设置界面

③ Binary Symmetric Channel(二进制平衡信道)模块。

二进制平衡信道模块用于添加二进制错误到输入信号，错误可能是一个同长度的量。双击该模块，可打开如图 3-51 所示的模块参数设置界面。

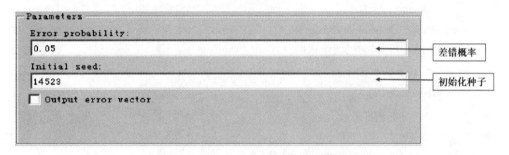

图 3-51　二进制平衡信道模块参数设置界面

④ Viterbi Decoder(维特比译码器)模块。

维特比译码器模块对输入信号进行译码，产生二进制输出信号。双击该模块，可打开如图 3-52 所示的模块参数设置界面。

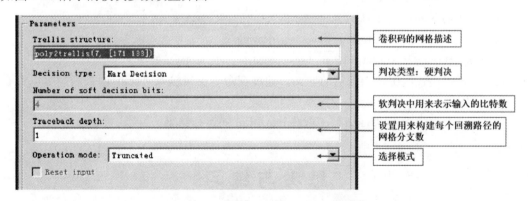

图 3-52　维特比译码器模块参数设置界面

⑤ Error Rate Calculation(误码率计算)模块。

误码率计算模块通过比较传输数据和接收数据来计算误码率。双击该模块，可打开如图 3-53 所示的模块参数设置界面。

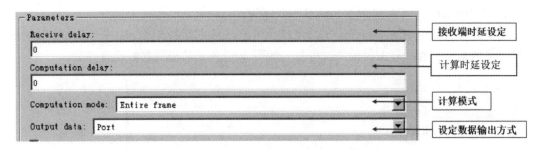

图 3-53　误码率计算模块参数设置界面

(4) 单击"▶"按钮开始仿真过程，并观察仿真结果，按需要对整个系统进行调试。

2) 交织编码的 Matlab 实现

(1) 创建一个 m 文件，输入如下代码并保存为 jiaozhi.m。

```
st1 = 27221; st2 = 4831;                              %定义随机数产生的状态
n = 7; k = 4;                                         %汉明码的参数
msg = randint(k*500,1,2,st1);                         %信息序列
code = encode(msg,n,k,'hamming/binary');              %编码
%产生突发错误,使得相邻码字发生错误
errors = zeros(size(code)); errors(n-2:n+3) = [1 1 1 1 1 1];
inter = randintrlv(code,st2);                         %交织
inter_err = bitxor(inter,errors);                     %加入突发错误
deinter = randdeintrlv(inter_err,st2);                %解交织
decoded = decode(deinter,n,k,'hamming/binary');       %译码
disp('Number of errors and error rate, with interleaving:');
[number_with,rate_with] = biterr(msg,decoded)         %误码数据
%没有交织
code_err = bitxor(code,errors);                       %加入突发错误
decoded = decode(code_err,n,k,'hamming/binary');      %译码
disp('Number of erors and error rate, without interleaving:');
[number_without,rate_without] = biterr( msg,decoded)  %误码数据
```

(2) 分析上述代码中各条语句的含义，通过在命令窗口输入"help 函数名"可以查看函数的定义。

(3) 在命令窗口输入"jiaozhi"，查看 jiaozhi.m 的运行结果。

思 考 与 练 习

1. 填空题

(1) 话音编码技术包括＿＿＿＿＿编码、＿＿＿＿＿编码和混合编码。

(2) 接收端差错控制方法主要有＿＿＿＿＿＿＿、反馈重传和混合纠错。

(3) 移动信道中的误码有两种类型，一种为_____误码，一种为_____误码。

(4) 采用交织技术的目的是_____。

(5) 极化分集的分集支路数为_____，其信号功率会有_____dB 的损失。

(6) 分集合并的方式有_____合并、_____合并和_____合并。

(7) 均衡实现的两条基本途径是_____均衡和_____均衡。

2. 单项选择题

(1) 在蜂窝移动通信系统中，频率复用因子越小，通常意味着( )。

A. 小区间干扰越小　　　　　　　　B. 小区间干扰越大

C. 频谱利用率越高　　　　　　　　D. 频谱利用率越低

(2) 下列哪种编码技术主要用于提高数据传输的可靠性? ( )

A. 信源编码　　　　　　　　　　　B. 信道编码

C. 调制编码　　　　　　　　　　　D. 压缩编码

(3) 下列分集技术中，属于隐分集的是( )。

A. 时间分集　　　　　　　　　　　B. 频率分集

C. 极化分集　　　　　　　　　　　D. 交织编码

(4) 在无线通信中，哪种调制方式能够更有效地抵抗噪声干扰( )。

A. BPSK　　　　　　　　　　　　B. 16PSK

C. 16QAM　　　　　　　　　　　 D. 三者效果相同

(5) PSK 调制技术是通过改变( )来传输数字信息的。

A. 信号的幅度　　　　　　　　　　B. 信号的相位

C. 信号的频率　　　　　　　　　　D. 信号的极化

3. 简答题

(1) 解释什么是蜂窝小区，并说明其在移动通信中的作用。

(2) 什么叫多址技术? 在移动通信中主要有哪几种多址方式?

第 4 章　4G 移动通信系统

4.1　4G 技术概述

随着智能手机的普及和移动互联网的迅猛发展，移动数据流量急剧增加。用户对于高速上网、视频流媒体、在线游戏等数据密集型服务的需求激增，这些需求远远超出了 3G 网络的容量和速度限制。移动运营商需要新技术来提供更好的服务，以满足日益增长的市场需求，并在竞争激烈的市场中保持竞争力。

随着技术的发展，特别是 OFDMA(正交频分多址)、MIMO(多输入多输出)等技术的成熟，为 4G 的出现奠定了坚实的基础。这些技术的突破不仅提高了网络传输的效率，还大幅增加了网络的承载容量，从而为满足日益增长的数据流量和新兴服务需求提供了可能。

4.1.1　基本概念

4G 即第四代移动通信技术(Fourth Generation Mobile Communications Technology)，是继 1G、2G 和 3G 之后的又一代移动通信标准，旨在提供比 3G 更快的数据传输速度、更低的延迟以及更高的网络效率和覆盖范围。在 2005 年 10 月的 ITU-R WP8F 第 17 次会议上，4G 技术被正式命名为 IMT-Advanced。4G 技术的主要目标包括以下几方面。

什么是 4G

1. 高速数据传输

4G 可提供比 3G 更高的数据传输速度，理论上，固定场景中的 4G 峰值下载速度可达 1 Gbit/s，移动场景中可达 100 Mbit/s。

4G 可支持高带宽需求的应用，如高清视频流、快速文件下载和上传。

2. 低延迟

4G 可显著降低数据传输的延迟时间，为实时或近实时应用(如在线游戏、实时视频会议)提供更好的用户体验。

4G 能缩短网络响应时间，使得用户能够享受到更加流畅、即时、便捷和丰富的网络交互体验。

3. 高效的频谱利用

4G 可通过先进的传输技术和信号处理算法，更有效地利用有限的无线电频谱资源，在同一频谱带宽下支持更多用户连接，提高网络容量。

4. 改进的网络覆盖和容量

4G 可扩大网络覆盖范围，包括城市、乡村和偏远地区；在用户密集区域(如城市中心、体育场馆)有效管理和支持大量用户。

5. 全球漫游

4G 可提供全球范围内的无缝漫游能力，使用户在不同地区之间移动时保持连续的通信服务；可兼容多种网络，确保 4G 设备能够在不同国家和地区的多种网络标准下工作。

6. 安全性和可靠性

4G 能增强数据安全，提供更强的加密和安全协议，保护用户数据和隐私。其网络可靠性高，能确保网络在各种条件下的稳定性和可靠性，包括紧急情况下的通信需求。

7. 支持多样化服务

4G 能支持多样化的服务，包括语音、数据、视频和多媒体应用，能确保不同类型的数据流(如实时视频、VoIP)根据其服务质量(QoS)需求得到适当处理。

8. 成本效益

4G 通过提高网络效率和简化网络架构，能降低运营商的建设和维护成本。随着技术的成熟和普及，提供更经济实惠的 4G 设备，使更多用户能够负担得起并使用 4G 服务。

4.1.2　核心技术和标准

2008 年，ITU 发布了 4G 标准要求，2009 年开始向全球征集 4G 标准，2012 年 ITU 正式确定满足 ITU 技术要求的两个 4G 标准：一个是 3GPP 开发的 LTE-Advanced，即 LTE 标准的演进版本；另一个是 Wireless MAN Advanced，即 WiMAX 的 802.16m 技术。

1. LTE-Advanced

LTE(Long Term Evolution，长期演进)是由 3GPP 组织制定的 UMTS 技术标准的长期演进，于 2004 年 12 月 3GPP 多伦多 TSG RAN 第 26 次会议上正式立项并启动。整个标准的发展过程分为两个阶段——研究项目阶段和工作项目阶段。研究项目阶段在 2006 年年中结束，该阶段主要完成对目标需求的定义，以及明确 LTE 的概念等；工作项目阶段在 2006 年年中建立，并开始标准的建立，但直到 2007 年 12 月才获得 ITU 批准。

LTE 具体的目标如下：

(1) 实现灵活的频谱带宽配置，支持 1.25～20 MHz 的可变带宽；

(2) 在数据率和频谱利用率方面，实现下行峰值速率达到 100 Mbit/s，上行峰值速率达到 50 Mbit/s；

(3) 频谱利用率为 HSPA 的 2～4 倍，用户平均吞吐量为 HSPA 的 2～4 倍；

(4) 提高小区边缘传输速率，改善用户在小区边缘的业务体验，增强 3GPP LTE 系统的覆盖性能；

(5) 用户面内部(单向)延迟小于 5 ms，控制平面从休眠态到激活态的迁移时间低于 50 ms，UE 从待机状态到开始传输数据的时延不超过 100 ms(不包括下行寻呼时延)；

(6) 支持增强型的多媒体广播和组播业务(Multimedia Broadcast Multicast Service，MBMS)；

(7) 降低建网成本，实现低成本演进；

(8) 取消电路交换(CS)域，采用基于全分组的包交换，CS 域业务在 PS 域实现，语音部分由 VoIP 实现；

(9) 实现合理的终端复杂度，降低终端成本并延长待机时间；

(10) 实现与 3G 和其他通信系统的共存。

3GPP 在 2009 年 3 月正式发布了 LTE 标准的 R8 版本的 LTE FDD 和 LTE TDD 标准，LTE 进入实质研发阶段。在 2010 年 3 月，3GPP 发布了 R9 增强型版本。R9 版本中进一步提出了 LTE-Advanced(LTE-A)的概念，并于 2010 年 6 月通过 ITU 评估，2010 年 10 月正式成为 IMT-A 的主要技术之一。2011 年 3 月，3GPP 完成了 R10 版标准，即 LTE-Advanced。在 2012 年 1 月日内瓦举行的 ITU 2012 年无线电通信全会全体会议上，LTE-Advanced 被正式确立为 IMT-Advanced 的 4G 国际标准，TD-LTE-Advanced 同时成为 IMT-Advanced 国际标准。业界一般把 LTE R10 后的版本称为 LTE-Advanced(LTE-A)。

LTE 也被称为 3.9G，是定位于 3G 和 4G 之间的一种技术标准，其目标是填补这两代标准间存在的巨大技术差异，希望使用已分配给 3G 的频谱，保持无线频谱资源的优势，同时解决 3G 中存在的专利过分集中的问题。虽然 LTE 系统可以提供 100 Mbit/s 的峰值速率，但是距离国际电信联盟 IMT-Advanced 的技术要求还是有一定的差距。LTE-A 是 LTE

的演进版本,满足或超过国际电信联盟提出的 IMT-Advanced 的需求,同时还保持对 LTE 较好的后向兼容。LTE-A 相比于 LTE 在某些需求指标上有所提高,如上行/下行的峰值传输速率提高到 500 Mbit/s 和 1 Gbit/s,上行/下行峰值频谱效率提升到 15 bit/(s·Hz)和 30 bit/(s·Hz),控制面切换时延小于 50 ms,带宽从 20 MHz 增加到最大 100 MHz 且支持灵活的频谱分配。

尽管 LTE-A 被认为是真正的 4G 标准,但 ITU 也允许使用 HSPA+、WiMAX 和 LTE 作为 4G 技术。LTE 是多种技术中最为广泛接受和使用的一种,用于提供 4G 级别的速度和性能。

2013 年,全球多家运营商开始布局和商用 LTE 网络,LTE 进入发展的快车道。我国工业和信息化部于 2014 年 12 月 4 日正式向中国移动通信集团公司、中国电信集团公司和中国联合网络通信集团有限公司颁发"LTE/第四代数字蜂窝移动通信业务(TD-LTE)"经营许可;2015 年 2 月 27 日向中国电信集团公司和中国联合网络通信集团有限公司发放"LTE/第四代数字蜂窝移动通信业务(LTE FDD)"经营许可;2018 年 4 月 3 日向中国移动通信集团公司发放了"LTE/第四代数字蜂窝移动通信业务(LTE FDD)"经营许可证,以推进 TD-LTE/LTE FDD 融合组网,加快提升我国移动通信网络系统整体容量,支撑我国移动互联网的快速发展。

LTE 发展的驱动力

2. WiMAX 的 802.16m 技术

作为宽带无线通信的推动者,美国电气和电子工程师学会(IEEE)于 1999 年设立了 802.16 工作组,主要开发宽带无线接入系统的标准,包括空中接口及其相关功能,涵盖了 2～66 GHz 的许可频段和免许可频段。随着研究的深入,相继推出了引起业界广泛关注的 802.16/802.16a、802.16d、802.16e 等一系列标准,被认为是解决"最后一公里"的宽带无线城域网(WMAN)的理想方案。

为了推广遵循 IEEE 802.16 和 ETSI HiperMAN 的宽带无线接入设备,并确保其兼容性及互用性,2001 年 6 月由一些主要的芯片厂家、设备制造商和运营商结成了一个工业贸易联盟组织,即 WiMAX(World Interoperability for Microwave Access,全球微波接入互操作性),因此 IEEE802.16 系列标准又被称为"WiMAX 技术"。

2001 年制定的 IEEE 802.16 标准的使用频率范围为 10～66 GHz,支持许可和免许可的频段,由于频率较高,需要在视距范围内进行通信。2003 年 1 月,IEEE 对 802.16 进行了修改,修改后的协议为 802.16a,使用的频率范围为 2～11 GHz,频率的降低以及一些新技术的采用使得其可以在非视距范围内工作,802.16a 标准支持 1.5～20 MHz 多种信道带宽划分方式。它支持的常用接入距离为 7～10 km,最大可达 50 km。2004 年 6 月推出的 IEEE 802.16d 是对 802.16a 标准的进一步补充和完善,重点是增强设备的互操作性,20 MHz 带宽时的单信道最高容量可达 75 Mbit/s。作为 IEEE 802.16d 标准的扩展和延伸,2005 年 12 月发布的 802.16e 标准则增加了终端的有限移动能力。

为了满足移动用户对高速移动性和高速数据传输的需求,给移动用户提供更好的网络服务,适应下一代移动通信系统,2006 年 12 月 802.16 工作小组开始了 IEEE 802.16m 空中接口标准的制定工作。2011 年 4 月 IEEE 委员会正式批准 IEEE 802.16m 为下一代 WiMAX 标准,2012 年 1 月,ITU 正式将 IEEE 802.16m 标准确定为 4G 国际标准之一。

LTE-A 和 IEEE 802.16m 标准的主要技术对比如表 4-1 所示。

表 4-1 IEEE 802.16m 标准与 LTE-A 技术对比

	IEEE 802.16m	LTE-A
信道带宽	5~20 MHz 可变带宽，特殊情况下可达到 100 MHz	1.25~20 MHz
峰值速率	移动：100 Mbit/s 静止：1 Gbit/s	上行：500 Mbit/s 下行：1 Gbit/s
移动性	最佳性能：0~15 km/h 较好性能：15~120 km/h 保持连接：120~350 km/h	最佳性能：0~15 km/h 较好性能：15~120 km/h 保持连接：120~350 km/h
多址方式	上、下行均为 OFDMA	上行：OFDMA 下行：SC-FDMA
编码方式	卷积码、卷积 Turbo 码、LDPC	主要：Turbo 码 编译码：LDPC
调制方式	BPSK、QPSK、16QAM、64QAM	QPSK、16QAM、64QAM
多天线技术	支持 MIMO、AAS 两种天线	主要 MIMO 模型：上行 2×4、下行 4×2，考虑最多 8×8 配置模型
双工方式	FDD、TDD、FDD 半双工	FDD 与 TDD 尽量融合、FDD 半双工
HARQ	Chase 合并、异步 HARQ、非自适应 HARQ	Chase 合并与增量冗余 HARQ、异步 HARQ、自适应 HARQ

从表 4-1 可以看出，在技术上，两者都是基于 OFDMA 的无线网络，都支持 MIMO、波束赋形等先进天线技术，都支持自组织网络，支持多基站协作技术，都能灵活地使用和共享频谱。此外，对 QoS(Quality of Service)和无线资源都能高效地管理，因此有更高的资源利用率，能保证各种业务的安全、降低网络中的传输时延及系统的开销。但两者在多天线技术、信道编码、干扰控制等方面存在一定的差异。

2005 年 802.16e 标准的发布标志着 WiMAX 技术标准(WiMAX R1.0)正式形成。2011 年发布的 802.16m 标准是在 WiMAX R1.0 基础上演进而来的 WiMAX R2.0。WiMAX 标准形成于全球 3G 商用建设时期，2007 年 ITU 增补 WiMAX 为全球第四个 3G 标准，这对已有 WCDMA、cdma2000 和 TD-SCDMA 三种 3G 标准造成了较强的竞争压力。在此背景下，3GPP 于 2004 年开始提出并推动下一代移动通信系统项目 LTE 的研发，试图开发能与 WiMAX 抗衡的技术标准，即 LTE 标准。2008 年，美国运营商 Sprint、Clearwire 与多家有线电视运营商达成协议，由 Sprint Nextel 和 Clearwire 相关部门合并组建一家运营 WiMAX 网络的公司进行 WiMAX 商用。在 2006 年 LTE 标准商用正式形成时，WiMAX 用户数已达到 200 万户，不仅具有市场进入时间的先发优势，还具有初始安装基础的优势。

但从 2009 年开始，WiMAX 开始走下坡路，2010 年 Intel 支持的荷兰和英国两个 WiMAX 商用网络失败，同年 Intel 关闭了在中国台湾地区的办公室，终结了台湾地区的 WiMAX 网络建设工作。此后，WiMAX 标准的用户规模大幅下降，根据 WiMAX 论坛报告《WiMAX advanced to harmonize with TD-LTE》显示，截至 2013 年 11 月，150 个国家 477 个运营商部署了 WiMAX 网络，用户达到 2500 万，但大部分都考虑转向 LTE 标准。2014 年 2 月，世界移动通信大会期间，WiMAX 论坛和 TD-LTE 全球发展倡议正式宣布达成合作，WiMAX 技术将升级到 LTE 技术中并与其融合，这标志着 WiMAX 放弃与 LTE 的竞争，主动融入 LTE 技术，持续十多年的 WiMAX 和 LTE 竞争以 WiMAX 的失败宣告结束。

4.1.3　LTE 中的编号计划

1. 移动用户 ISDN 号(MSISDN)

MSISDN(Mobile Subscriber ISDN Number)是指主叫用户为呼叫移动用户所需的拨叫号码。MSISDN 的基本组成如图 4-1 所示。

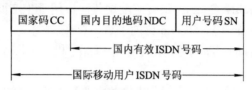

图 4-1　MSISDN 的基本组成

(1) 国家码(Country Code，CC)：我国的 CC 为 86。

(2) 国内有效 ISDN 号码：一个 11 位数字的等长号码($N_1N_2N_3H_0H_1H_2H_3ABCD$)。其中，国内目的地码(National Destination Code，NDC)包括两部分：移动业务接入号($N_1N_2N_3$)，如 13S、15S、18S 等，不同的 S 分属不同的运营商，如在 13S 中，$S=4\sim9$ 属于中国移动，$S=0\sim2$ 属于中国联通，$S=3$ 属于中国电信；地区编码($H_0H_1H_2H_3$)，$H_0H_1H_2$ 由全国统一分配，H_3 由各省自行分配。$ABCD$ 为用户号码。

2. 国际移动用户识别码(IMSI)

IMSI(International Mobile Subscriber Identity)是一种全球通用的、用于唯一识别移动网络中的用户的编号。IMSI 由以下三部分组成：

(1) 移动国家码(Mobile Country Code，MCC)：一个三位的数字代码，用于唯一标识移动用户所在的国家。每个国家或地区都有其专属的 MCC，我国的 MCC 为 460。

(2) 移动网络码(Mobile Network Code，MNC)：紧随 MCC 之后，是用于识别移动用户所属的特定移动网络运营商的代码。MNC 的长度可以是两位或三位数字，具体取决于国家/地区的规定。例如，中国移动使用的 MNC 有 00/02/04/07/08、中国联通使用的 MNC 有 01/06/09、中国电信使用的 MNC 有 03/05/11 等。

(3) 移动用户识别码(MSIN)：一个最长可达 10 位的数字序列，由运营商分配给用户，用于在该运营商网络内唯一标识用户。MSIN 的确切长度取决于 MNC 的长度，以确保整个 IMSI 保持固定的长度(通常是 15 位)。

因此，一个完整的 IMSI 号码可以用图 4-2 所示的格式来表示。

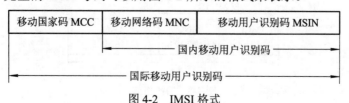

图 4-2　IMSI 格式

通过 IMSI，移动通信网络能够识别用户的国籍、运营商以及个人身份，对于国际漫游、调用网络服务、用户验证等功能至关重要。此外，IMSI 也是实现移动通信中核心网络元素之间通信的基础，如在用户鉴权、位置更新、呼叫建立等过程中的使用。

3. 国际移动设备识别码(IMEI)

IMEI(International Mobile Equipment Identity)用于在国际上唯一地识别一个移动设备，为一个 15 位的十进制数字，其构成为 TAC + FAC + SNR + CD + SVN。

(1) TAC(Type Allocation Code)：类型分配码，用以区分手机品牌和型号，由 GSMA 及其授权机构分配。TAC 为 8 位(早期为 6 位)，其中，前两位为分配机构标识，是授权 IMEI 分配机构的代码，如 01 为美国 CTIA，35 为英国 BABT，86 为中国 TAF；

(2) FAC(Final Assembly Code)：最终装配地代码，用于生产商内部区分生产地。FAC 由 2 位数字构成，仅在早期 TAC 码为 6 位的手机中存在。

(3) SNR(Serial Number)：序列号，用于区分每部手机，由厂家分配。SNR 由 6 位数字构成。

(4) CD(Check Digit)：验证码，由前 14 位数字通过 Luhn 算法计算得出。

(5) SVN(Software Version Number)：软件版本号，用于区分同型号手机在出厂时使用的不同软件版本，仅在部分品牌的部分机型中存在。

在手机拨号界面下输入"*#06#"可以查看该部手机的 IMEI 号。读取的 IMEI 码与手机后盖板上的条码标签、外包装上的条码标签应一致。

4. eNodeB ID

eNodeB ID 用于标识 eNodeB，与 PLMN(Public Land Mobile Network，公共陆地移动网络，PLMN = MCC + MNC)一起可以在全球范围内唯一标识一个 LTE 基站。eNodeB ID 由 20 bit 组成，表示为 $X_1X_2X_3X_4X_5$(范围为 0x00000～0xFFFFF)，全 0 的编码不用。eNodeB ID 在 PLMN 内部统一分配。X_1X_2 由全网统一规划，$X_3X_4X_5$ 由各省分配。

5. ECGI

ECGI(E-UTRAN 小区全球识别码)由三部分组成：MCC + MNC + ECI。ECI(E-UTRAN 小区识别码)长度为 28 bit，采用 7 位 16 进制编码，即 $X_1X_2X_3X_4X_5X_6X_7$。其中，$X_1X_2X_3X_4X_5$ 为该小区对应的 eNodeB ID；X_6X_7 为该小区在 eNodeB 内的标识(即 Cell ID)，是小区识别码的后 8 位。

6. TAI

LTE 的跟踪区(Tracking Area)简称 TA。跟踪区代码称为 TAC(Tracking Area Code)。每个 TA 由 TAI(Tracking Area Identity)唯一标识，TAI 由三部分组成：MCC + MNC + TAC(共 6 B)，如图 4-3 所示。

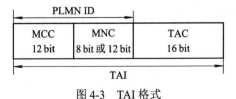

图 4-3　TAI 格式

其中，TAC 由 16 bit 组成，采用 4 位 16 进制编码，即 $S_1S_2S_3S_4$(范围为 0x0000~0xFFFF)，S_1S_2 由全网统一规划，S_3S_4 由各省分配。

7. PCI

PCI(Physical Cell ID，物理小区 ID)是 LTE 系统中用于标识小区的唯一物理 ID，范围为 0~503。

4.2 4G LTE 总体架构

4G 网络结构
演进分析

4.2.1 LTE 系统架构

LTE 系统由演进型分组核心网(EPC)、演进型基站(eNodeB，eNB)和用户设备(UE)三部分组成。其中，EPC 负责核心网部分，EPC 的控制处理部分称为 MME，EPC 的数据承载部分称为 SAE Gateway(SGW)；eNodeB 负责接入网部分，也称为 E-UTRAN；UE 指用户终端设备。EPC 与 E-UTRAN 统称为演进的分组系统(Evolved Packet System，EPS)。LTE 系统架构如图 4-4 所示。eNB 之间由 X2 接口互联，每个 eNB 又和 EPC 通过 S1 接口相连。eNB 与 UE 之间通过 Uu 接口连接。

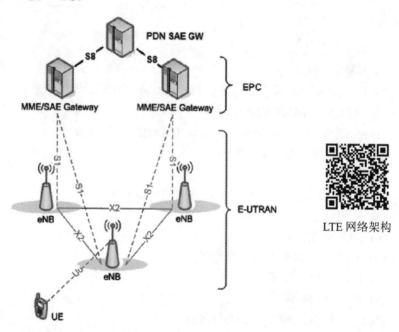

图 4-4　LTE 系统架构

LTE 网络架构

LTE 采用扁平化、IP 化的网络架构，E-UTRAN 用 eNodeB 替代 3G 的 RNC-NodeB 结构，各网络节点之间的接口使用 IP 传输，通过 IMS 承载综合业务，原 UTRAN 的 CS 域业务均可由 LTE 网络的 PS 域承载。简化的 LTE 网络架构具有以下优点：

(1) 网络扁平化使得系统时延减少，从而改善用户体验，可开展更多业务；

(2) 网元数目减少，使得网络部署更为简单，网络的维护更加容易；

(3) 取消了 RNC 的集中控制，避免单点故障，有利于提高网络稳定性。

1. EPC

EPC(Evolved Packet Corenetwork，演进型分组核心网)主要负责数据传输和网络管理。它包括几个关键组件，如 MME(Mobility Management Entity，移动性管理实体)、SGW(Serving Gateway，服务网关)、PGW(PDN Gateway，分组数据网网关)、PCRF(Policy and Charging Rule Function，策略与计费规则功能单元)和 HSS(Home Subscriber Server，归属用户服务器)。EPC 将信令和业务分开承载，MME 负责信令部分，SGW 负责业务的承载。EPC 网络架构如图 4-5 所示。

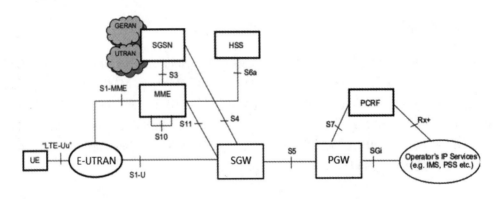

图 4-5　EPC 网络架构

1) MME 的功能

MME 为控制面功能实体，主要负责用户接入控制、业务承载控制、寻呼、切换控制等控制信令的处理。MME 的具体功能如下：

(1) 非接入层(Non-Access Stratum，NAS)信令的处理；

(2) 分发寻呼消息至 eNodeB；

(3) 接入层安全控制；

(4) 移动性管理涉及核心网节点之间的信令控制；

(5) 空闲状态移动性控制；

(6) SAE 承载控制；

(7) NAS 信令的加密与完整性保护；

(8) 跟踪区列表管理；

(9) PGW 与 SGW 选择；

(10) 向 2G/3G 切换时的 SGSN 选择；

(11) 漫游；

(12) 鉴权。

2) SGW 的功能

SGW 为用户面实体，主要负责在基站和 PGW 之间传输数据信息、为下行数据包提供缓存、基于用户的计费等功能。SGW 的具体功能如下：

(1) 终止由于寻呼原因产生的用户平面数据包；

(2) 支持 UE 移动性的用户平面切换；

(3) 合法监听；

(4) 分组数据的路由与转发；

(5) 传输层分组数据的标记；

(6) 运营商计费的数据统计；

(7) 用户计费。

3) PGW 的功能

PGW 作为数据承载的锚点，提供包转发、包解析、合法侦听、基于业务的计费、业务的 QoS 控制，以及负责和非 3GPP 网络间的互联等功能。

4) PCRF 的功能

PCRF 功能实体主要根据业务信息和用户签约信息，以及运营商的配置信息产生控制用户数据传递的 QoS(Quality of Service，服务质量)规则和计费规则，该功能实体也可以控制接入网中承载的建立和释放。

5) HSS 的功能

HSS 存储并管理用户签约数据，包括用户鉴权信息、位置信息及路由信息。

2. eNodeB

eNodeB(Evolved NodeB，演进型 NodeB)主要负责无线接入功能和 E-UTRAN 的地面接口功能，具体包括：

(1) 无线资源管理：无线承载控制、无线接纳控制、连接移动性控制、上下行链路的动态资源分配(即调度)等功能；

(2) IP 头压缩和用户数据流的加密；

(3) 当从提供给 UE 的信息无法获知到 MME 的路由信息时，选择 UE 附着的 MME；

(4) 路由用户面数据到 SGW；

(5) 调度和传输从 MME 发起的寻呼消息；

(6) 调度和传输从 MME 或 O&M 发起的广播信息；

(7) 用于移动性和调度的测量和测量上报的配置；

(8) 调度和传输从 MME 发起的 ETWS(即地震和海啸预警系统)消息。

3. UE

UE(User Equipment，用户设备)指可以利用 LTE 上网的设备，通常指用户的手机。

4.2.2 LTE 协议架构

如图 4-6 所示，LTE 协议架构分为控制面和用户面，但两者的许多协议实体都是相同的，只有个别地方存在差异。

Uu 接口是 UE 与 eNB 之间的无线接口，负责 UE 与网络之间的所有无线通信，包括数据传输和信令信息的交换。Uu 接口的控制面有两个：一个是 RRC(Radio Resource Control，无线资源控制)控制面，用于承载 UE 和 eNB 之间的信令；一个是 NAS(Non-Access Stratum,

非接入层)控制面,用于承载非接入层信令消息,并通过 RRC 层传送到 MME。用户面用于在 UE 和 EPC 之间传送 IP 数据包。

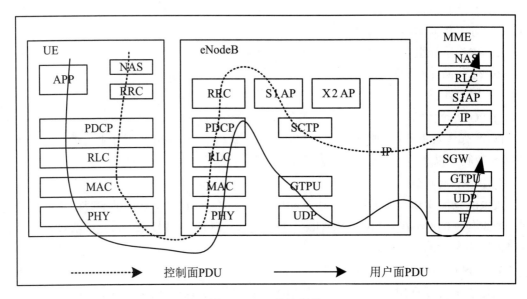

图 4-6   LTE 协议架构

控制面和用户面的底层协议是相同的,都使用了分组数据汇聚协议(Packet Data Convergence Protocol,PDCP)层、无线链路控制(Radio Link Control,RLC)层、媒体接入控制(Medium Access Control,MAC)层和物理层。

1. RRC 层

RRC 是 LTE 空中接口控制面的主要协议,负责广播系统信息、执行 UE 的寻呼和系统接入过程,以及控制平面的消息传递,如建立、重配置和释放无线承载。

2. PDCP 层

LTE 在用户面和控制面均使用了 PDCP。在控制面,PDCP 负责对 RRC 和 NAS 信令消息进行加/解密和完整性校验;在用户面,PDCP 只进行加/解密,而不进行完整性校验。另外,用户面的 IP 数据包还采用 IP 头压缩技术以提高系统性能和效率。同时,PDCP 层也支持排序和复制检测功能。

3. RLC 层

RLC 为来自上层的用户数据和控制信令提供以下三种模式的传输服务:

(1) 透明模式(Transparent Mode,TM):用于某些空中接口信道,如广播信道和寻呼信道,为信令提供无连接服务。

(2) 非确认模式(Unacknowledged Mode,UM):与 TM 模式相同,UM 模式也提供无连接服务,但同时还提供排序、分段和级联功能。

(3) 确认模式(Acknowledged Mode,AM):提供自动重传(Automatic Repeat Request,ARQ)服务,可以实现重传。

除以上模式和 ARQ 特性外,RLC 层还提供信息的分段、重组和级联功能。

4. MAC 层

MAC 层的主要功能如下：

(1) 映射：MAC 负责将从 LTE 逻辑信道接收到的信息映射到 LTE 传输信道上。

(2) 复用：MAC 的信息可能来自一个或多个无线承载(Radio Bearer，RB)，MAC 层能够将多个 RB 复用到同一个传输块(Transport BLock，TB)上以提高效率。

(3) HARQ：MAC 利用 HARQ 技术为空中接口提供纠错服务。HARQ 的实现需要 MAC 层与物理层的紧密配合。

(4) 无线资源分配：MAC 提供基于 QoS 的业务数据和用户信令的调度。

为实现以上功能，MAC 层和物理层需要互相传递无线链路质量的各种指示信息以及 HARQ 运行情况的反馈信息。

5. 物理层

物理层为 MAC 层和高层提供信息传输服务，主要包括传输信道的错误检测并向高层提供指示、传输信道的前向纠错编解码、混合自动请求重传软合并、编码的传输信道与物理信道之间的速率匹配、编码的传输信道与物理信道之间的映射、物理信道的功率加权、物理信道的调制和解调、频率和时间的同步、射频特性测量并向高层提供指示、多天线处理、传输分集、波束赋形、射频处理。

4.2.3　基站的硬件组成

基站是移动通信中组成蜂窝小区的基本单元，一个 4G 基站如图 4-7 所示，通常包括负责信号调制的 BBU(Building Baseband Unit，室内基带处理单元)、负责射频处理的 RRU(Radio Remote Unit，射频拉远单元)、馈线(连接 RRU 和天线)、天线(主要负责发射或接收电磁波)、GPS(提供定位和时间同步)。其中，RRU、馈线、天线、GPS 构成了天馈系统。

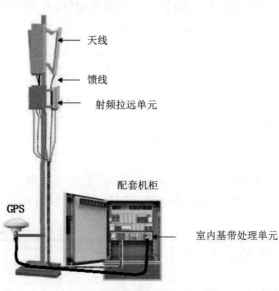

图 4-7　eNodeB 基站设备全景

除了天线、RRU、GPS 等设备安装在铁塔、抱杆等室外环境，其他设备是安装在特定的机房内的，如果没有合适的建筑作为机房，则使用一体化机柜。

1. BBU

BBU 是基站系统的核心设备，负责集中控制管理整个基站系统，完成基带信号的处理和传输、系统资源管理、操作维护和环境监测等功能，并提供对外接口。

对于 BBU 设备的具体内部硬件构成，不同厂家以及同一厂家不同类型的硬件设计及命名各不相同，但基于 BBU 的功能需求，各厂家在设计时大多遵从主控单元+基带拓展单元的模式，主控单元负责配置管理、设备管理、性能监视、信令处理、主备切换等功能，基带拓展单元负责上/下行基带信号、射频模块间的 CPRI 接口等功能。在此基础上，基于各厂家的功能设计需求，增加供电、监控、传输等功能模块。下面以 BBU3900 为例，介绍 BBU 设备硬件组成。

BBU3900 外形采用盒式结构，是一个 19 英寸宽、2U 高的小型化盒式设备，如图 4-8 所示，使用时放置在机房机柜中。

图 4-8　BBU3900 实物图

BBU3900 共有 11 个槽位，如图 4-9 所示，18、19 号槽位(slot)为通用供电与环境接口单元(UPEU)安装槽位，16 号槽位为风扇模块(FAN)安装槽位，0～5 号槽位为基带处理单元安装槽位，6、7 号槽位为主控及传输单元安装槽位。

FAN (Slot16)	Slot0	Slot4	POWER0 (Slot18)
	Slot1	Slot5	
	Slot2	Slot6	POWER1 (Slot19)
	Slot3	Slot7	

图 4-9　BBU3900 槽位

(1) 通用主控及传输(UMPT)单元：BBU3900 的主要控制和传输单元，它管理整个 eNodeB 的 OM 和信令处理，并为 BBU3900 提供时钟信号，如图 4-10 所示，UMPT 单板端口说明如表 4-2 所示。

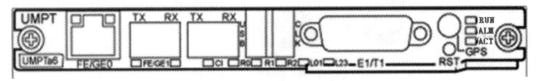

图 4-10　UMPT 单板

表 4-2　UMPT 单板端口说明

面板标识	连接器类型	说　明
E1/T1	DB26 母型连接器	E1/T1 信号传输接口
FE/GE0	RJ45 连接器	FE 电信号传输接口
FE/GE1	SFP 母型连接器	FE 光信号传输接口
GPS	SMA 连接器	GPS 接口预留
USB	USB	系统升级、调试网口

(2) 通用基带处理(UBBP)单元：处理基带信号和 CPRI 信号，可实现基带信号与 CPRI 射频信号的转换，如图 4-11 所示，UBBP 单板端口说明如表 4-3 所示。

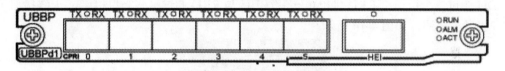

图 4-11　UBBP 单板

表 4-3　UBBP 单板端口说明

面板标识	连接头	数量	描　述
CPRI	SFP 母头	6	BBU 与射频模块互连的数据传输接口，支持光、电传输信号的输入、输出

(3) 通用供电和环境单元(UPEU)模块：BBU3900 的电源模块。它可以把直流 +24 V 或 −48 V 电压转换成 BBU 各单板模块需要的电压，并提供外部监控信号及 8 路干节点信号传输的端口，如图 4-12 所示。

(4) 风扇(FAN)模块：控制风速并监控模块温度，帮助 BBU3900 各单板及模块散热，如图 4-13 所示。

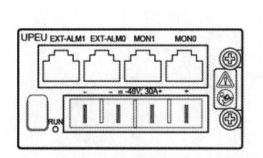

图 4-12　UPEU 模块

图 4-13　风扇模块

2. RRU

RRU 的主要功能是作为 BBU 和天线之间的桥梁，负责射频信号的处理。RRU 的主要功能如下：

(1) 射频信号的发送：RRU 将 BBU 发来的基带数字信号(通过光纤传输的光信号形式)转换为射频信号，然后通过天线发射到空中。

(2) 射频信号的接收：天线接收来自移动设备的射频信号，RRU 负责将这些射频信号转换为基带数字信号，并通过光纤以光信号的形式发送给 BBU 进行进一步处理。

在 LTE 基站的标准配置中，BBU 和 RRU 通过 CPRI(Common Public Radio Interface，通用公共无线电接口)接口经光纤连接。

RRU 有多种型号，每种型号的接口数目有所不同，但大致有以下几种接口：电源接口(DCDU 通过这个接口给 RRU 供电)；光口(BBU 与 RRU 通过这些光口相连)；天线接口等。RRU 设备实物照片如图 4-14 所示。

图 4-14　RRU 设备实物图

3. 天馈系统

天馈系统主要由天线、馈线、GPS 天线等组成，如图 4-15 所示。

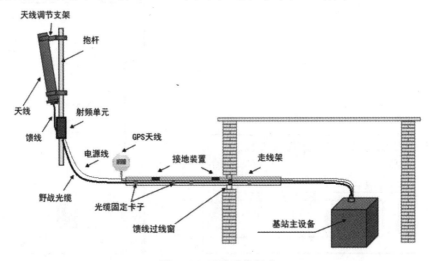

图 4-15　天馈系统组成

(1) 天线调节支架：用于调整天线的俯仰角度，一般调节范围为 0°～15°。

(2) 抱杆：安装天线的支架，用于固定天线。

(3) 馈线：用于天线与 RRU 之间的连接。常用的跳线采用 1/2″(1/2 英寸)超柔跳线，长度一般为 3 m。

(4) 走线架：用于布放野战光缆、电源线及安装固定卡子。

(5) 接地装置：主要是用来防雷和泄流，安装时与 RRU 电源线的外导体直接连接在一起。每根电源线均须接地，接地装置分别在电源线的抱杆下端、电源线中部、进入机房馈线窗入口处，接地点方向必须顺着电流方向。

(6) 馈线过线窗：主要用来穿过电源线和野战光缆进入机房内，要求制作好防水弯，防止雨水顺着线缆进入机房。

(7) GPS 天线：通过接收卫星信号，进行定位和授时。由于卫星出现在赤道的概率大于其他地点，对于北半球，应尽量将 GPS 天线安装在安装地点的南边。

4．机柜配套

(1) 配套机柜。配套机柜为 BBU 和 RRU 提供电源、监控、散热等功能。在基站机房中可能有多种机柜，如电源柜(配置电源模块、BBU 等)、传输柜(配置电源、传输设备等)和电池柜(配置蓄电池等)，如图 4-16 所示。其中，电源柜是必配的，基站的 BBU 和电源等设备基本都放置在电源柜当中。

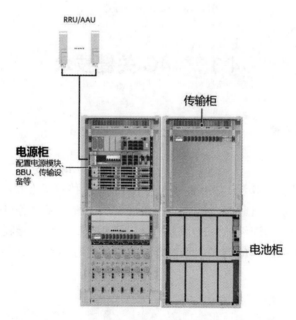

图 4-16　配套机柜介绍

(2) 站点电源设备。在机柜配套设备中，电源设备极为重要，其为 BBU 和 RRU 提供电源。根据站点供电类型，主要的站点电源设备有 EPU 电源设备和 DCDU 直流配电设备。

DCDU(Direct Current Distribution Unit)为直流配电单元，为机柜内各部件提供 −48 V 直流电源输入，可以安装在 19 英寸机架等机柜中。一个机柜内可以配置多个 DCDU，满足不同站点的配电要求，如图 4-17 所示。

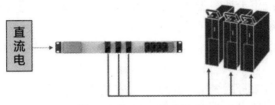

图 4-17   DCDU 电源介绍

EPU(Embedded Power Unit)系列电源设备用于完成交/直流转换和配电功能，可应用于 APM 机柜中；不同版本的 APM 机柜中的 EPU 电源设备型号不一样，对应的供电能力和配电能力也不一样，插框内的 PSU 和 PDU 支持灵活配置，满足不同站点的供/配电要求，如图 4-18 所示。

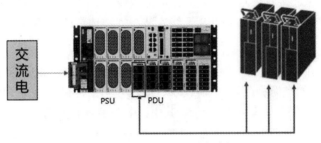

图 4-18   EPU 电源设备介绍

4.3   4G 关键技术

4.3.1   LTE 关键技术

1. 双工方式

LTE 系统定义了频分双工(FDD)和时分双工(TDD)两种双工方式，如图 4-19 所示。FDD 是指在对称的频率信道上接收和发送数据，通过保护频段分离发送和接收信道的方式，其单方向的资源在时间上是连续的。TDD 是指通过时间分离发送和接收信道，发送和接收使用同一载波频率的不同时隙的方式，其单方向的资源在时间上是不连续的，时间资源在两个方向上进行分配。

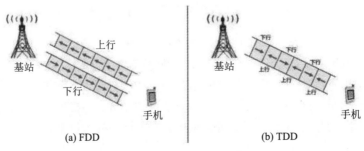

(a) FDD   (b) TDD

图 4-19   两种双工方式

1) TDD 方式的技术特点与不足

TDD 方式和 FDD 方式相比有一些独特的技术特点：

(1) 能灵活配置频率，可利用 FDD 系统不易使用的零散频段；

(2) 可通过调整上下行时隙转换点，灵活支持非对称业务；

(3) 具有上下行信道一致性，能够更好地采用传输预处理技术，有效地降低 UE 的处理复杂性。

TDD 双工方式相较于 FDD，也存在明显的不足：

(1) TDD 方式的时间资源在两个方向上进行分配，因此基站和 UE 必须协同一致进行工作，对于同步要求高，系统较 FDD 复杂；

(2) TDD 系统上行受限，因此 TDD 基站的覆盖范围明显小于 FDD 基站；

(3) TDD 系统收发信道同频，无法进行干扰隔离，系统内和系统间存在干扰；

(4) TDD 对高速运动物体的支持性不够。

LTE 标准在制定之初就充分考虑了 TDD 和 FDD 双工方式在实现中的异同，并一直在增大两者和共同点、减少两者的差异。LTE TDD 和 LTE FDD 在核心网上没有任何差异，只是在实现方式上存在一些差异，故 LTE TDD 和 LTE FDD 的主要区别集中于物理层，尤其是在物理帧结构上。

2) LTE 的两种无线帧结构

LTE 定义了两种无线帧结构：Type 1(适用于 FDD)、Type 2(适用于 TDD)。LTE 采用 OFDMA 技术，一个 OFDM 符号长度是 1/15000 s，子载波间隔为 15 kHz，如果每个子载波为 2048 阶 IFFT 采样，则 LTE 采样周期 $T_s = 1/(2048 \times 15000) = 0.033$ μs。在 LTE 中，帧结构时间描述的最小单位就是采样周期 T_s。

LTE 帧结构
及频域资源

(1) Type 1 帧结构。在 FDD 模式下，10 ms 的无线帧被分为 10 个子帧，每个子帧包含两个时隙，每个时隙长 0.5 ms，如图 4-20 所示。

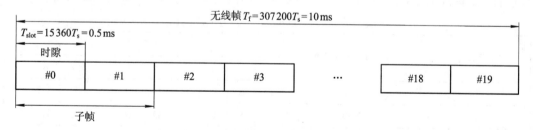

图 4-20　Type1 帧结构

(2) Type 2 帧结构。在 TDD 模式下，每个 10 ms 无线帧包括 2 个长度为 5 ms 的半帧，每个半帧由 4 个普通子帧和一个特殊子帧组成，如图 4-21 所示。普通子帧由 2 个时隙组成，每个时隙为 0.5 ms；特殊子帧由 DwPTS(Downlink Pilot Time Slot，下行导频时隙)、GP(Guard Period，保护间隔)和 UpPTS(Uplink Pilot Time Slot，上行导频时隙)三个时隙组成，总长度为 1 ms。

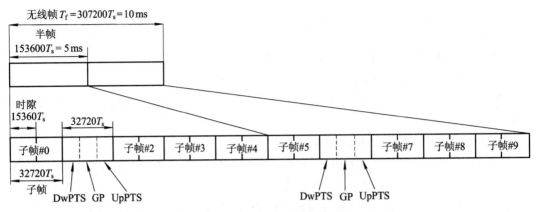

图 4-21　Type2 帧结构

LTE 的时隙(0.5 ms)由 6 个或 7 个符号组成，中间由循环前缀隔开，如图 4-22 所示。LTE 系统中有两种循环前缀：普通循环前缀和扩展循环前缀(主要用于远距离覆盖的场景)。在普通 CP 配置情况下，TDD 的一个子帧长度是 14 个 OFDM 符号周期；在扩展 CP 配置情况下，TDD 的一个子帧长度为 12 个 OFDM 符号周期。

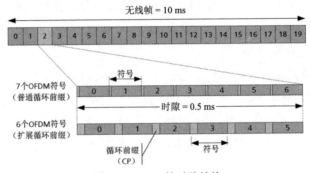

图 4-22　LTE 的时隙结构

① 上下行配置策略。在 LTE TDD 的 10 ms 帧结构中，上下行子帧的分配策略是可以设置的。协议规定了 0～6 共 7 种 LTE TDD 帧结构上下行配置策略，如表 4-4 所示。

表 4-4　LTE TDD 上下行子帧配比表

上下行配置	上下行转换周期	子 帧 号									
		0	1	2	3	4	5	6	7	8	9
0	5 ms	D	S	U	U	U	D	S	U	U	U
1	5 ms	D	S	U	U	D	D	S	U	U	D
2	5 ms	D	S	U	D	D	D	S	U	D	D
3	10 ms	D	S	U	U	U	D	D	D	D	D
4	10 ms	D	S	U	U	D	D	D	D	D	D
5	10 ms	D	S	U	D	D	D	D	D	D	D
6	5 ms	D	S	U	U	U	D	S	U	U	D

注：D 代表下行；S 代表特殊时隙；U 代表上行。

如表 4-4 所示，每个子帧的第一个子帧固定地用作下行时隙来发送系统广播消息，第二个子帧固定地用作特殊时隙，第三个子帧固定地用作上行时隙；后半帧的各子帧的上、下行属性是可变的，常规时隙和特殊时隙的属性也是可以调的。

② 特殊时隙的设计。在 Type 2 帧结构中，特殊子帧由 DwPTS、GP 和 UpPTS 三个特殊时隙组成。其中，DwPTS 的长度为 3～12 个 OFDM 符号，UpPTS 的长度为 1～2 个 OFDM 符号，相应的 GP 长度为 1～10 个 OFDM 符号。DwPTS 和 UpPTS 的长度可通过调节 GP 的长度来配置，从而调节上下行时隙的比例分配。

为了节省网络开销，LTE TDD 允许利用特殊时隙 DwPTS 和 UpPTS 传输系统控制信息。GP 用于上行和下行的隔离，小区半径越大，GP 就应该越大。

不同的特殊时隙 DwPTS、GP 和 UpPTS 的长度在 LTE TDD 帧中可配置，如表 4-5 所示。

表 4-5　特殊时隙配比表

特殊子帧配置	普通 CP			扩展 CP		
	DwPTS	GP	UpPTS	DwPTS	GP	UpPTS
0	3	10	1	3	8	1
1	9	4	1	8	3	1
2	10	3	1	9	2	1
3	11	2	1	10	1	1
4	12	1	1	3	7	2
5	3	9	2	8	2	2
6	9	3	2	9	1	2
7	10	2	2	—	—	—
8	11	1	2			

2. AMC 技术

由于移动通信的无线传输信道是一个多径衰落、随机时变的信道，使得通信过程存在不确定性。AMC(Adaptive Modulation and Coding，自适应调制和编码)技术能够根据信道状态信息确定当前信道的容量，根据容量确定合适的编码调制方式，以便最大限度地发送信息，提高系统资源的利用率。

高阶调制和 AMC

AMC 技术的基本原理是在发送功率恒定的情况下，基于信道质量的信息反馈，动态地选择适当的调制和编码策略(Modulation and Coding Scheme，MCS)，以确保链路的传输质量，实现无线链路的数据速率控制。如图 4-23 所示，当信道条件较差时，可降低调制等级以及信道编码速率；当信道条件较好时，可提高调制等级以及编码速率。AMC 技术实质上是一种变速率传输控制方法，能适应无线信道衰落的变化，具有抗多径传播能力强、频率利用率高等优点，但其对测量误差和测量时延敏感。

图 4-23　AMC 技术

3. HARQ 技术

HARQ(Hybrid Automatic Repeat Request，混合自动请求重传)是基于 FEC(Forward Error Control，前向纠错)和 ARQ(Automatic Repeat Request，自动请求重传)的纠错技术。

FEC 是指在信号传输之前，预先对其进行一定的格式处理，在接收端接收到这些码字后，就可按照既定的规则进行解码以达到找出错误并纠正错误的目的。FEC 系统只有一个信道，能自动纠错，不需要重发，因此时延小、实时性好。但不同码率、码长和类型的纠错码的纠错能力不同，当 FEC 单独使用时，为了获得比较低的误码率，往往必须以最坏的信道条件来设计纠错码，因此所用纠错码的冗余度较大，这就降低了编码效率，且实现的复杂度较大。FEC 技术只适用于没有反向信道的系统中。

ARQ 是指接收端通过 CRC 校验信息来判断接收到的数据包的正确性，如果接收数据不正确，则将否定应答(Negative Acknowledgement，NACK)信息反馈给发送端，发送端重新发送数据块，直到接收端接收到正确数据反馈确认信号(Acknowledgement，ACK)，则停止重发数据。在 ARQ 技术中，数据包重传的次数与信道的干扰情况有关，若信道干扰较强，质量较差，则数据包可能经常处于重传状态，信息传输的连贯性和实时性较差，但编译码设备简单，较容易实现。

HARQ 结合了 ARQ 方式的高可靠性和 FEC 方式的高通过效率，在纠错能力范围内自动纠正错误，超出纠错范围则要求发送端重新发送。

根据重传内容的不同，HARQ 分为三种类型：TYPE-Ⅰ型、TYPE-Ⅱ型、TYPE-Ⅲ型。

(1) TYPE-Ⅰ型。TYPE-Ⅰ型是一种简单的 ARQ 和 FEC 的结合。在发送端使用了循环冗余校验(CRC)并用 FEC 进行数据的编码；在接收端对接收的数据进行 FEC 解码和 CRC 校验，如果有错则丢弃并向发送端反馈 NACK 信息请求重传。一般来说，物理层设有最大重传次数的限制，防止由于信道长期处于恶劣的慢衰落状态而导致某个用户的数据包不断地重发，从而浪费信道资源。TYPE-Ⅰ方式的控制信令开销小，对错误数据包采取了简单的丢弃，没有充分利用错误数据包中存在的有用信息。TYPE-Ⅰ型的性能主要依赖于 FEC 的纠错能力，其吞吐量不如 TYPE-Ⅱ型和 TYPE-Ⅲ型高。

(2) TYPE-Ⅱ型。TYPE-Ⅱ型属于完全增量冗余(Incremental Redundancy，IR)方案，被称作 Full IR HARQ(FIR)。在这种方案下，第一次发送的数据包包含了全部的信息位(也可能含冗余校验位)，而每次重传的数据包不包含信息位，只是附加了不同的冗余信息，因此每次重传的数据包不能独立解码，必须结合第一次所包含的信息位组合译码。由于增加了新的冗余信息帮助解码，因此纠错能力增强，提高了系统性能。TYPE-Ⅱ型在低信噪比的信道环境中具有很好的性能，缺点是接收端需要寄存器存储冗余数据。

(3) TYPE-Ⅲ型。TYPE-Ⅲ型是完全增量冗余方案的改进。它的重传数据不仅包括冗余信息，还包括信息位，因此每个重传数据包都能够独立解码。根据重传的冗余版本不同，TYPE-Ⅲ型又可进一步分为两种：一种被称为 Chase Combining(CC)方式，其特点是各次重传冗余版本均与第一次传输相同，接收端的解码器根据接收到的信噪比(SIR)加权组合这些数据包进行合并解码；另一种是具有多个冗余版本的 TYPE-Ⅲ，称为 Partial IR HARQ(PIR)方式，其每次重传包含了相同的信息位和不同的增量冗余校验位，接收端对重传的信息位进行软合并，并将新的校验位合并到码字后再进行解码，合并后的码字能够覆盖 FEC 编码中的比特位，使解码信息变得更全面，更利于正确解码。

HARQ 的重发机制能否有效实现，受限于发送端和接收端对数据的缓冲能力，因此选择合适的 HARQ 协议非常重要。LTE 系统采用 N 通道的停等式 HARQ 协议，系统中配置相应的 HARQ 进程数。在等待某个 HARQ 进程的反馈信息过程中，可以继续使用其他的空闲进程传输数据包。

(1) 停等式 HARQ 协议。在采用停等式 HARQ 协议的系统中，接收端收到数据包后会对其进行解码和校验，校验成功之后会向发送端发送一个 ACK 确认信号，这时发送端才开始发送下一个新的数据包，如果接收端校验失败，则发送一个 NACK 否定信号至发送端，请求重发，直到接收端校验成功并发送 ACK 信号给发送端。停等式 HARQ 协议的工作示意图如图 4-24 所示。采用停等式 HARQ 协议的系统在等待 ACK 或者 NACK 的过程中是不会发送任何数据的，因此信道利用率较低，但信令开销小，实现起来相对简单。

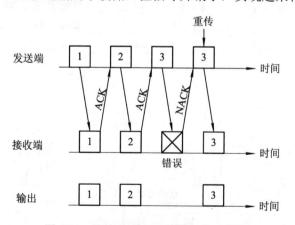

图 4-24　停等式 HARQ 协议工作示意图

(2) N 通道的停等式 HARQ 协议。如图 4-25 所示，发送端在信道上并行地运行 N 套不同的停等式协议，利用不同信道间的间隙来交错地传递数据和信令，从而提高了信道利用率。

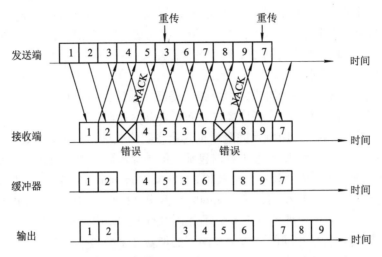

图 4-25 *N* 通道的停等式 HARQ 协议工作示意图

4. OFDM 技术

正交频分复用(Orthogonal Frequency Division Multiplexing，OFDM)是一种特殊的多载波调制技术，它通过串/并变换，将高速数据流分配到多个传输速率相对较低的并行子载波中进行传输。每个子载波在不同的频率上发送，并且这些子载波是彼此正交的。如果每个子载波的带宽被足够窄地划分，每个子载波的频率特性就可近似看作是平坦的，即可视为一个无符号间干扰(ISI)的理想信道。因此，在接收端不需要使用复杂的信道均衡技术即可对接收信号可靠地解调。OFDM 不仅具有高的频谱利用率，还具有良好的抗多径干扰能力，被看作是第四代移动通信的核心技术之一。

1) 频分复用

OFDM 基于频分复用(FDM)技术。FDM 将信道的总带宽划分为若干个相互不重叠的子载波，每个子载波传输一路信号，如图 4-26 所示。为了避免各子载波中传输的信号相互干扰，通常会在子载波之间设立保护带，这会导致频谱效率降低。

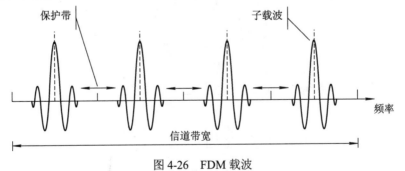

图 4-26 FDM 载波

2) OFDM 子载波

OFDM 通过设计使各子载波之间紧密相邻，甚至允许部分频谱重合，但通过正交复用方式有效避免了频率间干扰，从而降低了对保护间隔的要求，实现了很高的频谱效率。在 OFDM 中，如图 4-27 所示，当某个子载波处于最大值时，其相邻的两个子载波正好通过零点，这种设计使得子载波之间可以无干扰地紧密排列。尽管如此，OFDM 系统在整个信道带宽的边缘仍使用保护带，以降低与相邻无线系统的干扰。

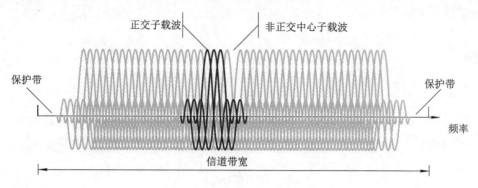

图 4-27 OFDM 子载波交叠情况

3) 快速傅里叶变换

OFDM 技术利用 IFFT(Inverse Fast Fourier Transform，快速傅里叶反变换)和 FFT(Fast Fourier Transform，快速傅里叶变换)在发送端和接收端有效地处理信号。

如图 4-28 所示，在发送端，数据流首先从串行格式转换为并行格式，然后被映射到不同的子载波上。IFFT 将数据从频域转换到时间域，来自 IFFT 的并行数据流随后转换回串行流，准备通过信道传输。在接收端，信号传到 FFT 模块，然后 FFT 模块将时域的 OFDM 符号转换回频域，通过相应的解调过程(如 QAM 解调)来恢复成原始的比特流。

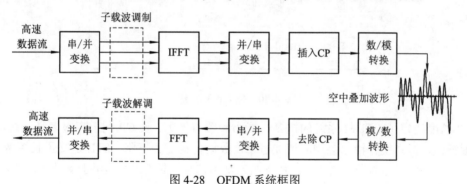

图 4-28 OFDM 系统框图

4) 插入循环前缀(CP)

由于子载波的正交性，OFDM 信号在频域上可以提供保护。在时域方面，LTE 需要克服由于多径传播而引起的时延扩展。时延扩展可能导致符号间干扰(ISI)，如图 4-29 所示。

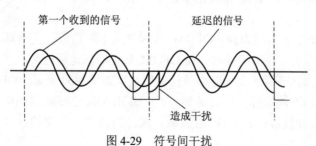

图 4-29 符号间干扰

插入循环前缀(Cyclic Prefix，CP)可以消除多径传播所造成的 ISI。其方法是将 OFDM 符号尾部的一段复制到 OFDM 符号之前，如图 4-30 所示。CP 的大小与系统可以容忍的最大时延扩展有关。

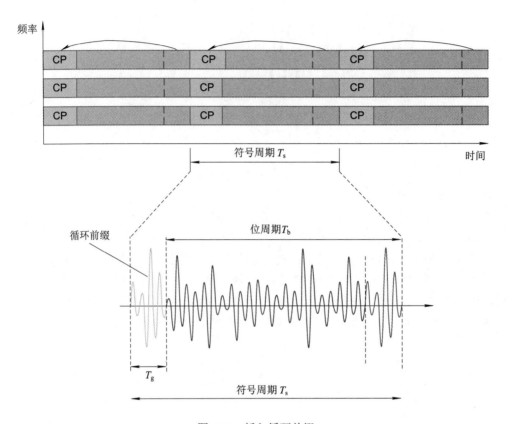

图 4-30   插入循环前缀

CP 长度决定了 OFDM 系统的抗多径能力和覆盖能力。长 CP 利于克服多径干扰，支持大范围覆盖，但系统开销也会相应增加，导致数据传输能力下降。LTE 定义了长短两套 CP 方案，根据具体场景进行选择：短 CP 方案为基本选项，长 CP 方案用于支持大范围小区覆盖和多小区广播业务。

5) OFDM 技术的特点

OFDM 技术的优点包括以下几点：

(1) 频谱利用率高。OFDM 系统由于各个子载波之间存在正交性，使得频谱的利用率得到极大的提高。

(2) 抗频率选择性衰落能力强。OFDM 技术持续不断地监控无线环境特性随时随地的变化，通过接通、切断相应的子载波，使 OFDM 系统动态地适应环境，极大地提高了抗频率选择性衰落的能力，确保了无线链路的传输质量，如图 4-31 所示。OFDM 的各个子载波可以根据信道状况的不同选择不同的调制方式，如 BPSK、QPSK、8PSK、16QAM、64QAM 等。当信道条件好的时候，采用高阶的调制方式；当信道条件差的时候，则采用抗干扰能力强的低阶调制方式。

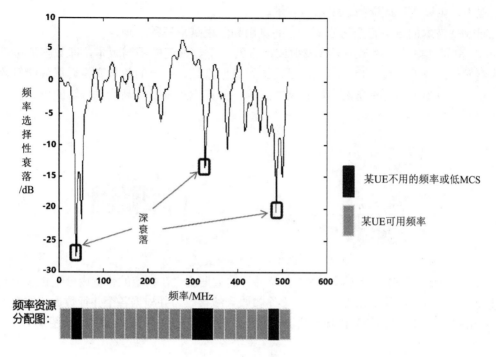

图 4-31　动态子载波分配

尽管 OFDM 有诸多优点，但该技术也有以下不可忽略的缺点：

(1) 峰均比 PAPR 高。OFDM 信号由多个子载波信号组成，各个子载波信号是由不同的调制方式分别完成的。OFDM 信号在时域上表现为 N 个正交子载波信号的叠加，当这 N 个信号恰好同相，功率以峰值相叠加时，OFDM 符号将产生最大峰值功率，该峰值功率最大可以是平均功率的 N 倍。尽管峰值功率出现的概率较低，但峰均比(即峰值功率与系统总平均功率的比值)越大，对放大器的线性范围要求必然越高。过高的峰均比会降低放大器的效率，增加 A/D 转换和 D/A 转换的复杂性，也增加了传送信号失真的可能性。

(2) 对频率偏移特别敏感。OFDM 系统严格要求各个子载波之间的正交性，频移和相位噪声会使各个子信道之间的正交特性恶化。任何微小的频移都会破坏子载波之间的正交性，仅 1%的频移就会造成信噪比下降 30 dB，引起子载波间干扰(ICI)。

当 UE 移动速度较快的时候，OFDM 会产生多普勒频移。对于宽带载波(数量级为 MHz)来说，多普勒频移相对于整个带宽占比较小，影响不大；多普勒频移相对于 OFDM 子载波(子载波带宽为 15 kHz)来说，占比就比较大了。对抗多普勒频移性能较差，是 OFDM 技术的一个非致命的缺点。

同样，频移会产生相位噪声，易导致高阶调制信号星座点的错位、扭曲，从而形成 ICI。对于宽带单载波系统来说，只有降低接收信噪比(SNR)，才不会引起子载波间相互干扰。

5. MIMO 技术

MIMO(Multiple-Input Multiple-Output)技术指在发射端和接收端分别使用多个发射天线和接收天线，使信号通过发射端与接收端的多个天线传送和接收，从而改善通信质量。MIMO 是多天线技术的典型应用，它能充分利用空间资源，通过多个天线实现多发多收，在不增加频谱资源和天线发射功率

MIMO

的情况下，可以成倍地提高系统信道容量。

MIMO 技术的应用有空间分集、空间复用和波束赋形三种情形。

(1) 空间分集：采用多个天线发射或接收同一个数据流的不同版本，即数据流可以和原来要发送的数据流完全相同，也可以是原始数据流经过一定的数学变换后形成的新数据流，从而避免单个信道衰落对整个链路的影响。分集模式可以提高信息传输的可靠性，降低误码率，如图 4-32 所示。

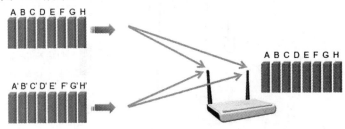

图 4-32　空间分集

(2) 空间复用：将用户数据分解为多个并行的数据流，在指定的带宽内分别由多个发射天线同时刻发射，经过无线信道后，由多个接收天线接收，并根据各个并行数据流的空间特性，利用解调技术，最终恢复出原数据流。复用模式可以提高信息传输效率，如图 4-33 所示。

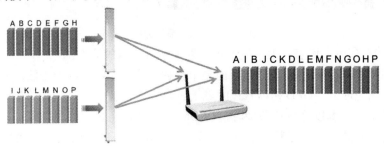

图 4-33　空间复用

(3) 波束赋形(Beam Forming，BF)：一种基于天线阵列的信号预处理技术，通过控制天线阵列中每个天线单元的相位和振幅，实现对信号的定向传输，同时抑制其他方向的信号。波束赋形不仅可以增大通信覆盖范围、改善频谱利用率以及增加系统容量，而且拥有很强的抗干扰、抗衰落的能力，波束赋形有单流波束赋形和双流波束赋形两种传输模式，如图 4-34 所示。

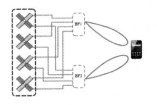
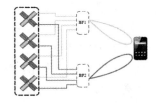

(a) 单流波束赋形　　　(b) 双流波束赋形(传递相同信息)　　(c) 双流波束赋形(传递不同信息)

图 4-34　波束赋形的两种传输模式

单流波束赋形只使用一个数据流来传输信息，它通过智能地调整定向波束的传输方向来增强接收端的信号质量。双流波束赋形允许系统同时使用两个数据流(可以传递相同的信息也可以传递不同的信息)来传输信息，两个定向波束相互独立、互不干扰，从而提高了数据传输的速率和系统的容量。

4.3.2 LTE-A 关键技术

4G 采用了载波聚合(Carrier Aggregation，CA)、多点协作(Coordinated Multiple Point，CoMP)传输、中继(Relay)等关键技术，大大提高了无线通信系统的峰值数据速率、峰值谱效率、小区平均谱效率以及小区边界用户性能。

1. 载波聚合

为了提供更高的业务速率，3GPP 在 LTE-Advanced 阶段提出下行 1Gbit/s 的速率要求。而受限于无线频谱资源紧缺等因素，运营商拥有的频谱资源都是非连续的，每个单一频段难以满足 LTE-Advanced 对带宽的需求。基于上述原因，3GPP 在 Release 10 阶段引入了载波聚合，通过将多个连续或非连续的载波聚合成更大的带宽(最大 100 MHz)，使得用户获得更高的上下行峰值速率体验，以满足 3GPP 的要求，如图 4-35 所示。载波聚合可以发生在 FDD 和 TDD 两种制式下。

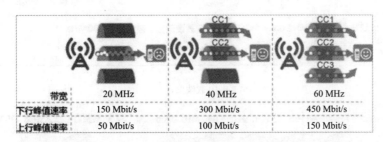

图 4-35　载波聚合示意图

载波聚合可以支持多种方式，如图 4-36 所示。以两载波聚合为例，如果两个载波的频段相同，还相互紧挨着，频谱连续，就称作频段内连续的载波聚合。如果两个载波的频段相同，但频谱不连续，中间隔了一段，就称作频段内不连续的载波聚合。如果两个载波的频段不同，则称作频段间的载波聚合。

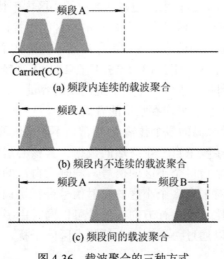

图 4-36　载波聚合的三种方式

3GPP Release 10(TS 36.300)对于 LTE-Advanced 载波聚合有如下约束：

(1) CA UE 最多可以聚合(发送/接收)5 分量载波，每载波最大 20 MHz，到 3GPP Release 13，CA UE 最多可以聚合 32 分量载波，每载波最大 20 MHz，如图 4-37 所示。

(2) CA UE 支持非对称载波聚合，即下行链路和上行链路聚合的分量载波数目可以不同，但是上行分量载波数必须小于等于下行分量载波数，并且上行分量载波是下行分量载波的子集。

(3) 每个分量载波的帧结构与 3GPP Release 8 相同，实现向下兼容。

(4) 基于 3GPP Release 10 的分量载波允许 Release 8 或 Release 9 的 UE 在载波上发送/接收数据。

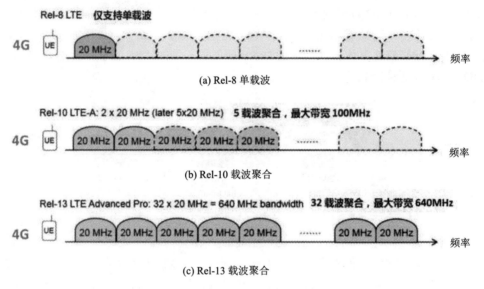

图 4-37　LTE-Advanced 载波聚合

2. 多点协作(CoMP)传输

由于采用了 OFDM 技术，LTE 系统很好地解决了小区内干扰的问题。但是，因为相邻小区可以使用相同的频率资源，所以带来了严重的小区间干扰，尤其是在小区边缘区域，用户会同时接收来自多个基站的信号，这些信号相互干扰降低了信号质量，影响用户体验和系统性能。为了有效抑制小区间干扰，3GPP 提出在 LTE-A 系统中引入 CoMP 技术。CoMP 通过基站间协作传输来达到减少小区间干扰、提高系统容量、改善小区边缘覆盖的目的，是一种提升小区边界容量和小区平均吞吐量的有效途径。

CoMP 是指地理位置上分离的多个传输点(通常是不同小区的基站)，协同参与一个终端的数据传输过程或者联合接收来自一个终端的数据。其核心思想是当终端位于小区边界区域时，它能同时接收到来自多个小区的信号，同时它自己的传输也能被多个小区同时接收。在下行方向，如果对来自多个小区的发射信号进行协调以规避彼此间的干扰，能大大提升接收信号的信噪比。在上行方向，信号可以同时由多个小区联合接收并进行信号合并，同时多小区也可以通过协调调度来抑制小区间干扰，从而达到提升接收信号信噪比的效果。

按照进行协调的节点之间的关系，CoMP 可以分为 Intra-site CoMP 和 Inter-site CoMP 两种，如图 4-38 所示。

　　(1) Intra-site CoMP 发生在一个站点内，此时因为没有回传容量的限制，可以在同一个站点的多个小区(Cell)间交互大量的信息。

　　(2) Inter-site CoMP 发生在多个站点间，对回传容量和时延提出了更高要求。反过来说，Inter-site CoMP 性能也受限于当前回传的容量和时延能力。

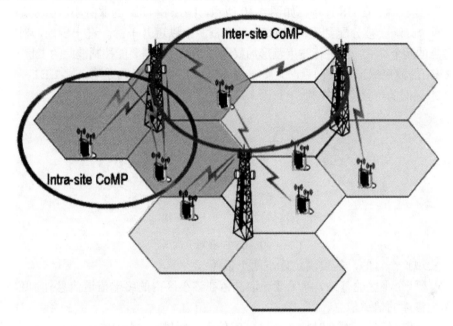

图 4-38　Intra-site CoMP 和 Inter-site CoMP 示意图

　　按传输方式的不同，CoMP 技术可以分为联合处理(Joint Processing，JP)、协调调度/波束赋形(Coordinated Scheduling/Beam Forming，CS/B)两种机制。

　　(1) JP 机制。在下行传输方向上，为一个终端服务的每个小区都保存有向该终端发送的数据包，网络根据调度结果以及业务需求的不同，选择其中的所有小区、部分小区或单个小区向该终端发送数据，即存在多个传输点向该终端传输数据，如图 4-39 所示。

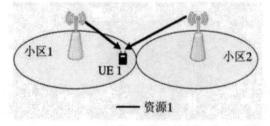

图 4-39　JP 机制示意图

　　联合处理可以产生两方面的增益。其一，参与协作的小区发送的信号均为有用信号，降低了终端的总干扰水平。其二，参与协作的小区信号相互叠加，提高了终端接收到的信号的功率水平。两者的综合作用提升了终端的接收信干噪比(SINR)。此外，不同小区的天线间距较大，还可能获得分集增益。

对 JP 机制而言，业务数据在多个协调点上都能获取，对终端的传输来自多个小区，多小区通过协调的方式共同给终端服务，就像虚拟的单个小区一样，这种方式通常有更好的性能，但对回传的容量和时延提出了更高要求。

在联合处理(JP)方式中，既可以由多个小区执行对终端的联合预编码，也可以由每个小区执行独立的预编码、多个小区联合服务同一个终端；既可以多小区共同服务来自某个小区的单个用户，也可以多小区共同服务来自多小区的多个用户。

(2) CS/B 机制。在 CS/B 中，如图 4-40 所示，UE1 和 UE2 的服务小区分别是 Cell 1 和 Cell 2，两个终端会被分配到不同的时间/频率资源上以避开干扰。进一步地，对于调度到相同资源上的两个终端，在进行波束赋形加权向量计算时，需要能控制彼此的干扰，即 Cell 1 在计算 UE1 的波束赋形加权向量时，如能在 UE2 的方向上形成零陷，则 UE2 受到的干扰会降低，小区间的干扰会被抑制。

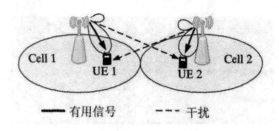

图 4-40　CS/B 机制示意图

为了实现这个目的，需要满足以下两个条件：

① 对于一个小区的基站，除了要获取驻留在该小区内的终端信道信息外，还需要获取相邻小区内终端的信道信息。

② 要求调度信息可以及时地在小区之间传递。如果参与协作的小区由同一个 eNodeB 控制或有光纤直连，则传递时延可以忽略。

对 CS/B 机制而言，业务数据只在服务小区上能获取，即对终端的传输只来自服务小区，但相应的调度和发射权重等则需要小区间进行动态信息交互和协调，以尽可能减少多个小区的不同传输之间的互干扰。

一种常见的 CS/B 方式是由终端对多个小区的信道进行测量和反馈，反馈的信息既包括期望的来自服务小区的预编码向量，也包括邻近的强干扰小区的干扰预编码向量，多个小区的调度器经过协调，各小区在发射波束时尽量使得对邻小区不造成强干扰，同时还尽可能保证本小区用户期望的信号强度。

3. Relay 技术

Relay 是 LTE-A 网络引入的一项新技术，能够有效延伸 LTE 网络覆盖能力，同时由于基于 Relay 技术的基站主要依靠无线技术实现数据的回传，可以部署在有线传输资源受限的场景，因此解决了由于传输资源短缺而导致无法建站的问题。

Relay 技术的工作原理，如图 4-41 所示。对于上行链路，终端设备先把信号发送给中继站(Relay NodeB，RN)，然后再由 RN 将信号转发给 eNB；对于下行链路，eNB 先把信号直接发送给 RN，然后由 RN 再转发给终端设备。这样可以显著提高网络的覆盖范围和数据传输速率、实现临时性网络部署、提升小区边界吞吐量、支持群移动等，同时也能提供较低的网络部署成本。

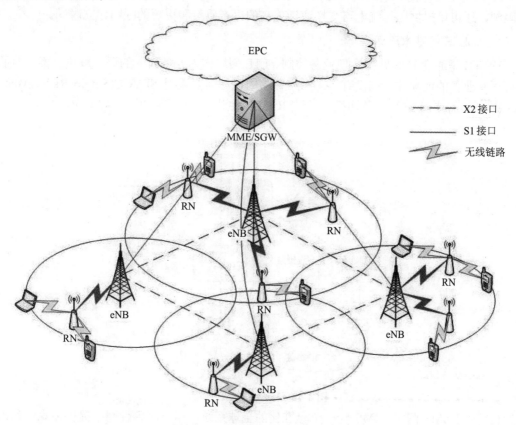

图 4-41　Relay 技术工作原理示意图

　　RN 通过宿主 eNodeB 以无线方式连接到接入网。RN 和宿主 eNodeB 间的接口定义为 Un 口,终端仍通过 Uu 口和 RN 相连。Un 口可以是带内的也可以是带外的,带内是指 eNodeB 和 RN 之间的链路(Link)与 RN 和终端之间的链路共享同一段频率, 否则称为带外。

4.4　4G 语音解决方案

LTE 语音业务解决方案

　　在传统的 2G 和 3G 网络中, 语音通话是通过电路交换域(CS)实现的, 这种方式虽然稳定但效率较低。4G 网络的扁平化、全 IP 化为用户提供了低时延且高带宽的移动数据业务, 但其在设计之初并不直接支持传统的电路交换语音通话, 这对于全球通信服务提供者来说是一个不小的挑战。

　　为了解决这一问题,业界提出了几种解决方案,包括回落到2G/3G 网络进行通话(Circuit Switched Fallback, CSFB)、使用 VoIP 技术通过数据网络传输语音(如微信电话、QQ 电话、Skype)等。然而, 这些方法要么会降低通话质量, 要么需要用户依赖特定的应用, 都不是完美的解决方案。在这种背景下, VoLTE 技术应运而生。

　　VoLTE 是一种基于 IP 多媒体子系统(IP Multimedia Subsystem, IMS)的解决方案, 能够

在 LTE 网络上支持高质量的语音通话。通过 VoLTE，不仅可以克服 LTE 不支持电路域通话的限制，还可以提供比传统电路交换通话更高的语音质量和更短的呼叫建立时间。

1. VoLTE 的基本原理

VoLTE 是通过 IMS 网络实现业务控制、LTE 网络作为业务接入的语音解决方案。为了保证语音业务的连续性，在没有 4G 网络覆盖的区域需要采用 SRVCC(Single Radio Voice Call Continuity)技术进行业务切换，通过 2G/3G 网络完成通话，如图 4-42 所示。

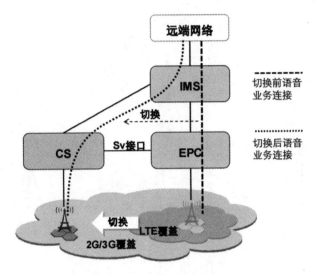

图 4-42　VoLTE 实现方案

(1) 基于 IMS 网络。IMS 是一个标准化的全球系统，用于跨各种网络提供多媒体和语音服务。IMS 通过将语音和数据服务集成在一个全 IP 的网络中，为电信运营商提供了更加灵活和功能丰富的服务能力。

IMS 负责 VoLTE 用户的注册、鉴权、控制、路由、交互以及媒体协商和转换等功能。因为 LTE 网络只传送数据包，所以和其他数据一样，LTE 把语音数据和有关的信令数据都打包成数据包传输，同时给予了更高的优先级别。IMS 接收处理这些数据包，并将这些数据包的语音数据和信令部分作区分。

(2) SRVCC 切换技术。SRVCC 是 3GPP 提出的一种 VoLTE 语音业务连续性方案，主要解决单射频终端在 IMS 控制的 VoIP 语音与 CS 语音(在 2G/3G 网络中，语音一般由 CS 域提供，因此称之为 CS 语音)之间的无缝切换。因现阶段 LTE 网络是非全覆盖网络，当 VoLTE 语音用户通话过程中移出 LTE 覆盖范围时，IMS 作为控制点与 CS 域交互，将原有通话切换到 CS 域，保证语音业务的连续性。

因此，已经搭建 IMS 网络实现 VoIP 业务是 SRVCC 技术的前提，同时 SRVCC 技术要求 MSC 服务器支持 Sv 接口。为了便于切换，VoIP 需要锚定在 IMS 中。MME 首先从 E-UTRAN 接收切换请求和用于说明此为 SRVCC 处理的指示消息，然后再通过 Sv 参考点触发它与 MSC 服务器增强型 SRVCC 之间的切换流程。

2. VoLTE 的优势

VoLTE 的核心技术优势如下：

(1) 高清语音通话：VoLTE 使用宽带音频技术，声音编码速率从 12.2 kbit/s 提升到 23.85 kbit/s，语音的取声频率范围从原来的 300～3400 Hz 扩大到 50～7000 Hz，可以提供接近自然声音的高清语音质量。

(2) 快速呼叫建立：相较于传统的 CS 域呼叫，VoLTE 能显著减少呼叫建立所需的时间。VoLTE 电话的接通时间是 0.5～2 s；普通电话的接通时间为 5～8 s。

(3) 更有效的资源利用：由于语音数据通过数据包网络传输，VoLTE 提高了数据传输的效率，同时也优化了网络资源的使用。

(4) 更长的电池寿命：用户无须在不同网络(如 2G/3G 和 4G)之间频繁切换，从而节省了电池消耗，延长了手机使用时间。

根据 GSA 统计，截至 2020 年底，全球共有 806 家运营商推出商用 LTE 网络，其中 275 家运营商投资了 VoLTE，226 家运营商推出了 VoLTE 服务。根据中国信息通信研究院统计分析，在 2022 年第四季度申请进网检测的 37 款 4G 手机中，支持 VoLTE 解决方案的有 37 款，款型占比 100%。

4.5　技能训练——无线网络信号测试

通过无线信号测试软件了解当前环境无线网络信息，掌握测量当前环境无线信号质量的方法。

1. 实验材料

(1) 一部测试手机。

(2) 一个无线信号测试软件，如 CellularZ。

2. 实验步骤

(1) 在手机上安装无线信号测试软件。

(2) 打开测试软件，查看所属运营商的无线网络信息(SIM 卡信息、服务小区信息、服务小区信号质量，部分手机可获取邻小区信息)，填写表 4-6。

表 4-6　运营商的无线网络信息

运营商	MCC	MNC	位置经度		位置纬度	
数据网	TAC	PCI	ECI	EARFCN	FREQ	BAND
RSSI	RSRP		RSRQ		SINR	

参数说明：

① SINR(Signal to Interference plus Noise Ratio，信号与干扰加噪声比)：接收到的有用信号的强度与接收到的干扰信号(噪声和干扰)的强度的比值，反映当前信道的链路质量。

其取值范围为 0～30 dB，比值越大越好。

②　RSRP(Reference Signal Receiving Power，参考信号接收功率)：代表无线信号强度的关键参数，反映当前信道的路径损耗强度，用于小区覆盖的测量和小区选择/重选。其取值范围为 -44～-140 dBm，值越大越好。

③　RSRQ(Reference Signal Receiving Quality，参考信号接收质量)：当前信道质量的信噪比和干扰水平。RSRQ 随着网络负荷和干扰发生变化，网络负荷越大，干扰越大，RSRQ 测量值越小。其取值范围为 -3～-19.5 dB，值越大越好。

④　RSSI(Received Signal Strength Indication，接收的信号强度指示)：用来判定链接质量以及是否增大广播发送强度。其取值范围为 -93～-113 dBm。

(3) 沿着选择的测试路线在手机上观察信号强度和网络连接状态等信息，找到对应"好点""中点"及"差点"的场景并截屏。

参考值：

好点：RSRP = -85～-95 dBm；SINR 为 16～25 dB；

中点：RSRP = -95～-105 dBm；SINR 为 11～15 dB；

差点：RSRP = -105～-115 dBm；SINR 为 3～10 dB。

(4) 利用测试软件中速度测试功能比较"好点""中点"及"差点"的下载速率差异。

3. 实验结果分析

根据收集到的数据评估当前环境无线网络的性能。

4. 实验结论

在无线网络中，信号质量对于数据传输的稳定性和速度起着关键作用。

(1) 信号强度随着距离的增加而衰减。

(2) 障碍物(如高楼或树木)会削弱无线信号的强度，并可能导致信号的不稳定性。

(3) 其他无线设备可能对基站无线信号产生干扰。这些干扰源可能导致信号的质量下降，造成连接不稳定或速度减慢。

(4) 高频段的覆盖范围可能较低频段更小，但会有更好的信号强度和稳定性。

思 考 与 练 习

1. 填空题

(1) MIMO 中文名称为＿＿＿＿＿＿＿＿。

(2) LTE-A 关键技术之一，用于提高系统带宽和传输速率的是＿＿＿＿＿。

(3) 在 LTE 系统架构中，EPC 是＿＿＿＿＿＿＿＿的简称。

(4) 在 LTE 的编号计划中，MCC 代表＿＿＿＿＿＿，中国的 MCC 为＿＿＿＿。

(5) 在 4G 语音解决方案中，被认为是 LTE 语音最终形态的是＿＿＿＿＿。

2. 单项选择题

(1) LTE 上行采用的多址技术是(　　)。

A. OFDMA　　　　B. SC-FDMA　　　　C. MIMO　　　　D. CA

(2) 在 LTE 系统中, (　　)负责用户数据包和其他网络的处理。

A. eNodeB　　　　B. EPC　　　　C. PGW　　　　D. MME

(3) 在 LTE 系统中, 用于标识移动网络的代码是(　　)。

A. MCC　　　　B. MNC　　　　C. eNB ID　　　　D. EPC

(4) 波束赋形的功能为(　　)。

A. 不同天线发射不同的数据　　　　B. 提高传输速率

C. 提升信道的可靠性　　　　D. 实现更远的覆盖和更强的干扰抑制

(5) LTE 下行多址技术为(　　)。

A. CDMA　　　　B. FDMA　　　　C. OFDMA　　　　D. SC-FDMA

3. 简答题

(1) 简述 LTE 系统架构的主要组成部分及其功能。

(2) 简述 OFDM 的优缺点。

(3) 说明 LTE-A 中的载波聚合技术及其作用

(4) 简述 4G 语音解决方案中的 VoLTE 技术及其优势。

第 5 章 | 5G 移动通信系统

知识点

(1) 5G 基本概念和标准化进展；
(2) 5G NR 的系统架构以及关键技术。

学习目标

(1) 了解 5G 的概念和标准化进展；
(2) 掌握 5G NR 系统架构；
(3) 掌握 5G 无线网、核心网架构；
(4) 熟悉 5G 关键技术。

5.1 5G 技术概述

5G 系统简介

移动通信已经深刻地改变了人们的生活，但人们对更高性能移动通信的追求从未停止。为了应对未来爆炸性的移动数据流量增长、海量的设备连接、不断涌现的各类新业务和应用场景，第五代移动通信(5G)系统应运而生。对比 2G、3G 和 4G，除了超高速率的需求外，5G 引入超大连接、超高可靠、超低时延等特性。5G 是真正的变革到 IoT(Internet of Things，物联网)的基石，服务于全连接社会的构筑。

5.1.1 基本概念

5G，即第五代移动通信技术，是最新一代蜂窝移动通信技术，也是继 2G、3G 和 4G 系统之后的延伸。2015 年 10 月 26 日到 30 日，在瑞士日内瓦召开的 2015 无线电通信全会上，ITU-R 正式确定了 5G 的法定名称为"IMT-2020"。其中，"IMT"代表国际移动通信(International Mobile Telecommunications)，"2020"则指该技术是面向 2020 年及以后发展的。

2015 年 9 月，ITU 首次发布 ITU-R M.2083《IMT 愿景——2020 年及之后 IMT 未来发展的框架和总体目标》建议书，规定了 5G 的 8 项关键特性和 5 项其他特性。

1. 5G 的关键特性

(1) 峰值数据速率：在理想情况下，系统可为每台移动设备/每个移动用户提供的最大数据速率(单位为 Gbit/s)。

(2) 用户体验数据速率：在覆盖区域各个点位上，系统可为移动设备/移动用户提供的可用数据速率(单位为 Mbit/s)。

(3) 频谱效率：单位频谱资源支持的平均数据吞吐量，即单位带宽信道每秒可传输的比特数，可由有效数据速率除以通信信道带宽得到(单位为 bit/(s·Hz))。

(4) 移动性：用户从任何地点都能接入一个或多个移动通信网实施通信的最大速度(单位为 km/h)，即当用户以该速度运动时，系统仍能为其持续稳定地提供通信服务。

(5) 时延：无线网络空中接口(手机和基站之间)的双向延迟时间，即信息从手机到达基站，加上基站发送信息给手机所消耗的总时间(单位为 ms)。

(6) 连接密度：在特定区域、特定时段，单位面积内可以同时正常工作的移动设备数，即单位面积内支持的移动设备总数(单位为设备量/km^2)。

(7) 网络能效：每消耗单位能量网络设备可以发送或接收的数据量(单位为 bit/J)。

(8) 区域通信能力：每单位地理区域内单位时间可传输的比特数(单位为 Mbit/(s·m^2))。

5G 通过提高峰值数据速率和用户体验数据速率、增强频谱效率和移动性支持、缩短时延、增大连接密度、提升网络能效和区域通信能力等方式，来提供与固定网络媲美的最佳用户体验。5G 在提供这些性能指标时，能够稳定地运行，无须承担过高的设备成本和部署成本，不会产生过高能耗负载，凸显了 5G 的可持续性和经济性。

2. 5G 的其他特性

除了关键特性之外，5G 还包括其他特性，如频谱和带宽灵活性、可靠性、恢复能力、安全和隐私、运行寿命等。这些特性可以助力 5G 在提供多样化服务时的安全性、可靠性和灵活性。

(1) 频谱和带宽灵活性：指系统设计能灵活处理不同的场景，特别是指在不同频段上工作的能力，包括更高的频率和更宽的带宽。

(2) 可靠性：系统在规定的条件下和规定的时间内，提供预定功能的能力，包括可用性、业务中断时间、故障恢复时间等多个指标，可通过负载均衡和冗余设计等手段来提升 5G 网络的可靠性水平。

(3) 恢复能力：5G 网络在遭受自然/人为破坏或干扰后仍能正常运行的能力。

(4) 安全和隐私：5G 面临着网络层、终端层、隐私保护层、网络设备不可信、空口开放性、黑客攻击、欺诈、拒绝服务、中间人攻击等多种安全威胁，以及跨界数据流、高数据速率、高吞吐量、高精度定位、海量设备连接等多种隐私风险。

(5) 运行寿命：每次蓄能完成后的运行总时长，它对需要长续航时间的机器类型设备尤为重要。受经济和物理因素影响，对这些设备进行常规维护是非常困难的。

3. 5G 技术参数

2017 年 11 月，ITU-R 发布了 ITU-R M.2410《IMT-2020 空中接口的技术性能相关最低要求》技术报告，制定了一系列 5G 技术性能的最低要求。综合各国标准化组织意见，提出了 5G 的目标，最终确定了 13 项技术参数及其对应的最低要求，如表 5-1 所示。

表 5-1　5G 需要满足的 13 项最低指标值

技术指标	应用场景	最低要求
峰值数据速率	eMBB	DL—20 Gbit/s；UL—10 Gbit/s
峰值频谱效率	eMBB	DL—30 bit/(s·Hz)；UL—15 bit/(s·Hz)
用户体验数据速率	eMBB(密集城区)	DL—100 Mbit/s；UL—50 Mbit/s
第 5 百分位用户频谱效率	eMBB	室内热点：DL—0.3 bit/(s·Hz)；UL—0.21 bit/(s·Hz) 密集城区：DL—0.225 bit/(s·Hz)；UL—0.15 bit/(s·Hz) 农村：DL—0.12 bit/(s·Hz)；UL—0.045 bit/(s·Hz)
平均频谱效率	eMBB	室内热点：DL—9 bit/(s·Hz)(TRxP)；UL—6.75 bit/(s·Hz)(TRxP) 密集城区：DL—7.8 bit/(s·Hz)(TRxP)；UL—5.4 bit/(s·Hz)(TRxP) 农村：DL—3.3 bit/(s·Hz)(TRxP)；UL—1.6 bit/(s·Hz)(TRxP)
区域流量	eMBB(室内热点)	10 Mbit/(s·m^2)
时延	eMBB，uRLLC	用户面时延：eMBB—4 ms；uRLLC—1 ms 控制面时延：20 ms
连接密度	mMTC	10^6 台设备/km^2
能量效率	eMBB	支持高休眠比例和长休眠时间
可靠性	uRLLC	在城区宏蜂窝的覆盖边缘，1 ms 内传输 32 B 的层 2 PDU(协议数据单元)的成功概率为 0.99999
移动性	eMBB	静止—0 km/h；行人—0～10 km/h；车辆—10～120 km/h； 高速车辆—120～150 km/h
移动中断时间	eMBB，uRLLC	0 ms
带宽	eMBB，uRLLC，mMTC	100 MHz(高频段应支持 1 GHz 带宽)

5.1.2　5G 应用场景

2015 年 6 月，ITU 定义了 5G 的三大应用场景，分别是增强移动宽带(enhanced Mobile BroadBand，eMBB)场景、超高可靠低时延通信(ultra-Reliable Low Latency Communications，uRLLC)场景和海量机器类通信(massive Machine-Type Communications，mMTC)场景，如图 5-1 所示。

5G 应用场景

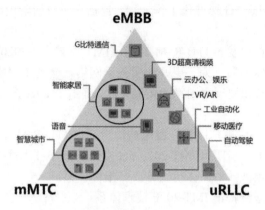

图 5-1　ITU 定义的 5G 三大应用场景

（1）eMBB 场景：承接移动网、增强互联网的场景。在保证用户移动性的前提下，eMBB 为用户提供无缝的高速业务体验，并且提供极高的连接密度。eMBB 典型应用包括超高清视频、虚拟现实、增强现实等。在 5G 的支持下，用户体验速率可提升至 1 Gbit/s，峰值速度甚至可达到 20 Gbit/s，用户可以轻松实现在线 4K/8K 视频以及 VR/AR 视频。

（2）uRLLC 场景：物联网中的一个重要场景。像车联网、工业远程控制、远程医疗、无人驾驶等的特殊应用，对时延和可靠连接的要求比较严格。时延过大会导致严重的事故；可靠性低会造成财产损失。在 uRLLC 场景下，连接时延要达到 10 ms 以下，甚至是 1 ms 的级别。对很多远程应用来说，操作体验能达到零时延，才会有很强的既视感和现场感。

（3）mMTC 场景：物联网中的一个重要场景，针对大规模物联网业务，如智慧城市、智慧楼宇、智能交通、智能家居、环境监测等。这类业务场景对数据速率要求较低，且时延不敏感，但对连接规模要求比较高，属于小数据包业务，信令交互比例较大，海量连接可能导致信令风暴。5G 时代每平方公里的物联网连接数将突破百万，连接需求将覆盖社会、工作和生活的方方面面。5G 的海量连接能力是渗透到各垂直行业的关键特性之一。

5G 网络架构技术和无线技术，最终要满足以上三个场景的需求。三个场景的行业应用发展又会进一步促进 5G 网络架构技术和无线技术的向前发展。

5.1.3　标准化进展

5G 是全球科技革命中的引领性技术，成为各国政府数字经济发展和打造未来国际竞争优势的战略选择。2015 年开始，世界主要国家纷纷加大 5G 研发投入。ITU 和 3GPP 是推动和制定 5G 标准的两大国际组织。ITU 侧重于明确 5G 系统需求、指标和性能评价体系，并对 5G 候选技术方案进行评估和确认；3GPP 则负责具体规范的制定。

1. ITU

（1）2010 年，随着通信业界和学术界对 5G 的发展需求逐步明确，5G 系统的标准化筹备工作启动。

（2）2012 年，ITU 分别启动 IMT.Vision 愿景建议书和 IMT.Technology_Trend 技术趋势报告，面向 2015—2020 年技术趋势，开始定义 5G 需求和制定 5G 时间表，以凝聚全球对 5G 的共识。

(3) 2014 年，ITU 明确 5G 标准化工作计划，包括需求分析阶段、准备阶段和提交与评估阶段。

(4) 2015 年，ITU 首次发布 ITU-R M.2083《IMT 愿景——2020 年及之后 IMT 未来发展的框架和总体目标》建议书。为了更好地服务于网络社会的未来需求，该建议根据国际移动通信技术在发达国家和发展中国家的发展现状，确定了 2020 年及以后国际移动通信未来发展的框架和总体目标。

(5) 2017 年 11 月，国际电信联盟无线电通信组通过 ITU-R M.［IMT-2020.TECH PERF REQ］技术参考文件，进一步明确 IMT-2020 5G 空口的最小技术性能指标，涵盖峰值数据速率、吞吐量、延迟、频谱效率、移动性等诸多指标体系。

(6) 2019 年 ITU-R 最终批准 IMT-2020 技术体系。

ITU-T 于 2015 年 5 月成立 IMT-2020 焦点组(Focus Group IMT-2020)，旨在分析 5G 技术在未来网络中的交互方式，重点聚焦 IMT-2020 网络架构优化、固定-移动融合、前传/回传网络切分、扩展适用 IMT-2020 网络的新型业务模式、服务质量(Quality of Service，QoS)及操作维护管理(Operation Administration and Maintenance，OAM)等方面的问题，其输出涵盖网络需求、网络软化、网络框架、固移融合、管理框架、信息中心网络(Information Centric Networking，ICN)等方面的报告和草案，并于 2017 年 2 月将上述研究成果正式转入 ITU-T 第 13 研究组(SG13)，使其成为后续 5G 网络标准的研究基础。

2. 3GPP

3GPP 是负责制定 5G 技术体系的国际标准组织，主要由无线接入网(Radio Access Network，RAN)、业务与系统(Services & Systems Aspects，SA)和核心网与终端(Core Network & Terminals，CT)3 个工作组开展。

负责系统需求定义的工作组 SA1 在 2016 年发布了 TS 22.261，明确了 5G 系统目标和基本功能及业务需求的定义。负责系统架构设计的工作组 SA2 发布了 TS 23.501、TS 23.502 和 TS23.503，明确了 5G 系统架构。负责接入网与空口标准化的工作组 RAN 启动 5G 新空口 NR 研究和标准化制定工作，并于 2020 年 6 月完成涵盖 R15 和 R16 的版本规范。其中，5G 基础版本是 R15，满足 ITU IMT-2020 的基本需求；R16 为 5G 增强优化版本，R17 为 5G 拓展版本，R18 为 5G 创新版本。同时，根据运营商部署节奏的不同，3GPP 标准分阶段支持非独立组网和独立组网等多种 5G 组网架构。

(1) R15 版本。作为 5G 的首个完整版本，R15 于 2019 年正式冻结。它奠定了 5G 技术的基础，为后续的演进提供了坚实的基础。R15 主要侧重于 eMBB 场景，成为 5G NR(新无线)的技术基础。

(2) R16 版本。R16 版本在 2020 年冻结，主要针对物联网、车联网等领域进行了优化和增强。它加入了 NR-U(非授权频谱上的 NR)、eURLLC、NR V2X(蜂窝车联网)、5G 广播等特性，进一步拓宽了 5G 技术的应用范围。

(3) R17 版本。R17 版本在 2022 年冻结，主要关注于提升网络能效、优化网络切片等方面。它扩展了 5G NR 频谱设计，支持全球 60 GHz 免许可频段，并引入了增强的 IAB(集成接入与回传)和简单中继器等特性。R17 的完成，标志着 5G 技术演进第一阶段的圆满结束，并为下一步 R18 及未来版本演进奠定了基础。

(4) R18 版本。作为 5G-Advanced(5G-A)的第一个版本，R18 在 2024 年 6 月 18 日正式冻结。R18 不仅提升了网络性能，还在物联网、地空通信、低空经济、工业无源物联等领域开辟了新的应用场景。它的冻结标志着 5G-A 技术商用迎来新起点，为产业及企业提供了清晰的技术蓝图。

5.2　5G 网络架构

5G 网络架构

传统的移动网络架构由核心网、承载网、接入网三个子网组成，5G 网络也不例外，但由于 5G 网络主要服务于垂直行业用户，它不仅仅起"管道"作用，更像一个"平台"，支撑移动互联网和移动物联网的接入。

5.2.1　5G 无线网架构

5G 基于 C-RAN 网络架构进行了进一步的演进，引入 NFV(Network Function Virtual，网络功能虚拟化)技术实现无线资源的虚拟化，引入 SDN(Software Define Network，软件定义网络)技术实现网络功能的集中化。针对 5G 的高频段、大带宽、多天线、海量连接和低时延等需求，5G 对基站功能的分布进行重新划分，对无线侧的架构进行了重构。

1. 5G RAN

5G 基站 gNodeB 的基带功能单元(BBU)由分布单元(Distributed Unit，DU)、集中单元(Centralized Unit，CU)共同组成。在 4G 网络中，C-RAN 相当于 BBU、RRU 二层架构；在 5G 系统中，C-RAN 相当于 CU、DU 和 RRU 三层架构。5G 基站 gNodeB 的逻辑架构可以分为两种，即 CU-DU 融合架构和 CU-DU 分离架构。当同一个基站的 CU 和 DU 合并时，就类似于 4G 的基站 eNodeB 的基带部分。CU 和 DU 分离，DU 分布式部署，几个基站的 CU 可以合并到一起集中部署，当然不同基站的 CU 也可以各自独立部署。

5G RAN 架构如图 5-2 所示。每个 CU 可以连接 1 个或多个 DU。1 个 CU 目前最多可以下挂 100 个 DU。一个机房可以对应更多更远的小区，实现中心化的管控。5G 的 RRU 和天线子系统共同构成有源天线单元(Active Antenna Unit，AAU)，主要负责将基带数字信号转为模拟信号，由天线发射出去。

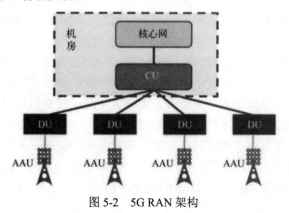

图 5-2　5G RAN 架构

4G 的 RRU 和 BBU 之间的接口是 CPRI 或 Ir(Infrared，红外)。5G 的接口功能需要增强，5G RAN 的主要接口如图 5-3 所示。DU 和 AAU 之间的接口为演进的通用公共无线电接口(evolved Common Public Radio Interface，eCPRI)，也称为下一代前传网络接口(Next-Generation Fronthaul Interface，NGFI)。CU 和 DU 之间的新增接口为 F1。CU 是集中单元，可以分为用户面和控制面。当用户面和控制面在一个物理实体里时，使用厂家内部接口即可；当二者分开在两个物理实体(CU-CP 和 CU-UP)中时，3GPP 定义了两者的接口为 E1 接口。5G 基站和基站之间的接口表现为 CU 和 CU 之间的信息交互接口，为 Xn 接口。

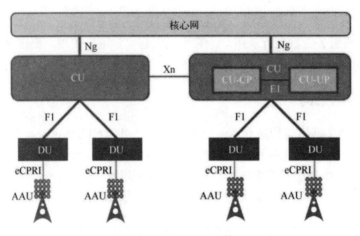

图 5-3　5G RAN 主要接口

CU 和 DU 融合部署有利于实现实时、大带宽类的业务；CU 和 DU 分离架构有利于提高硬件资源的利用率，便于资源的灵活协调和配置，以及扩容和在线迁移；CU 虚拟化可以有效地降低前传带宽的需求。

在 CU 和 DU 分离部署后，5G RAN 可以基于 NFV、SDN 进行云化，将控制协议和安全协议集中化。云化的 5G RAN 称为 Cloud RAN。Cloud RAN 的核心思想是功能抽象，实现资源与应用的解耦，增加 RAN 侧的功能扩展性。云化一方面是指基带资源池的云化，另一方面是指无线资源和空口技术的解耦。

在传统无线网络中，基带资源的分配是在一个基站内进行的；在 Cloud RAN 架构下，资源分配是在一个"逻辑资源池"上进行的，最大限度地获得资源的复用共享增益，降低整个系统的成本，并带来功能灵活部署的优势。基带资源池的集中部署是指硬件设备的集中和高层协议栈功能的集中。CU 作为无线业务的控制面和用户面锚点，有利于 2G～5G 等多制式的融合；CU 内部的移动性对核心网来说是不可见的，便于无缝移动性管理。CU 的集中可降低核心网的信令开销和复杂度，提高频谱资源的协作化水平。

空口无线资源也可以抽象为一类资源。无线资源与无线空口技术解耦后，可以实现空口资源的动态灵活调度，满足特定业务的定制化要求。在 Cloud RAN 中，基带资源、空口资源可以根据实际业务负载、用户分布、业务需求等实际情况，动态实时分配和处理，实现按需的无线网络能力。无线侧的小区不再是一个静态的概念，而是以用户为中心的虚拟化小区，真正实现"网随人动"。Cloud RAN 有利于提升小区间的协作能力，实现多小区/

多数据发送点间的联合发送和联合接收，提升小区边缘频谱效率和小区的平均吞吐量。

CU 和 DU 之间存在多种功能分割方案，可以适配不同的通信场景和通信需求。CU 和 DU 功能的切分以处理内容的实时性进行区分。不同协议层实时性的要求和带宽支持能力也不同。分布越靠底层的功能，越有利于低时延业务的实现；分布越高层的功能，越有利于大带宽业务的实现。

CU 设备主要包含实时性要求不高的无线高层协议栈功能(PDCP 层及以上)，同时也支持部分核心网功能下层和边缘应用业务的部署；DU 设备主要处理物理层功能和实时性要求较高的、RLC 层及以下协议层的功能。即 CU 和 DU 之间的 F1 接口可以设在 PDCP 层和 RLC 层之间。为节省 RRU 和 DU 之间的传输资源，部分物理层功能也可下沉到 AAU 中实现，CPRI 也就变成了 eCPRI。不同功能的划分，可以根据业务的要求进行调整，相对于 4G RAN 功能分布，5G RAN 功能在不同网络实体间的分布有了很大的变革，如图 5-4 所示。

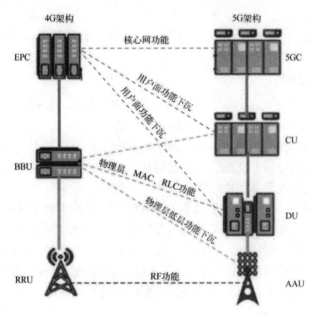

图 5-4 从 4G 到 5G RAN 功能分布

CU 设备采用通用平台实现，不仅可支持无线网功能，也具备了支持核心网功能和边缘应用的能力；DU 设备可采用专用设备平台或通用+专用混合平台实现，支持高密度实时底层运算能力。

5G RAN 基于 NFV+SDN 的云化架构，传统的操作维护中心(Operating and Maintenance Center，OMC)功能组件可升级为带有 MANO 功能的操作维护管理编排器，统一对 RAN 的资源进行管理和编排，实现包括 CU/DU 在内的端到端灵活资源编排和配置管理，满足运营商快速按需部署业务的需求。

2. 统一接入技术

5G 时代是多种无线接入技术(Radio Access Technology，RAT)共存的时代。协同使用多 RAT 的无线资源，可在提升整体无线网络运营效率的前提下提升用户体验。

多 RAT 之间可以通过集中的无线网络控制功能来实现统一的接入和管理，无线资源可以通过集中的无线网络控制功能进行分布式协同调度。统一的多 RAT 融合技术包括以下四个方面：

(1) 支持多制式/多形态接入。2G～5G 多种移动制式共存，再加上 WiFi、固网、广电网多种接入类型，要想实现统一接入，5G RAN 需具备自适应的无线接入方式，也需要支持灵活的网络拓扑和各种各样的接入形态，如集中式和分布式、有线和无线的组合、超密集的网络部署、无线传感网、设备到设备(Device to Device，D2D)等。

(2) 支持多连接。多连接技术是指终端同时接入多个不同制式的网络节点，实现不同制式的多个数据流给同一终端的并行传输，以提高吞吐量和用户体验，实现业务在不同接入技术间的动态分流和汇聚。

(3) 支持多 RAT 无线资源管理。依据业务类型、网络负载、干扰水平等因素，对多 RAT 之间的无线资源进行联合管理与优化，实现多 RAT 间的干扰协调，以及多 RAT 间无线资源的共享与分配。

(4) 多 RAT 间室内/室外协同定位。在室内、室外各种场景下，多 RAT 之间可以进行联合定位，大幅提高用户的定位精度。

3. 协议定制化部署

为使 5G RAN 能够满足不同制式、不同业务的接入需求，需构造更灵活的网络接口关系，支撑动态的协议功能分布，增强接入网接口能力。

软件定义协议栈(Software Defined Protocol，SDP)数据可以基于集中的无线网络控制功能对可编程的协议栈进行定制化配置，以此构建敏捷的业务处理能力，支持简单、友好、兼容的接口，实现灵活性和易用性的统一。

5G RAN 可以根据不同的场景需求和差异化特性，采用不同协议栈特性功能，支撑自适应接口技术。根据不同的业务场景和数据流特征，5G RAN 动态协商接口配置方式和数据处理的协议，控制面生成协议配置模式的指令，指示用户面对不同的数据流进行不同协议功能的处理。通过协议定制化的部署，5G RAN 可以根据不同的应用需求，实现无线数据的动态灵活的分发和汇聚，对不同的接口类型进行动态的适配。

4. 无线感知和智能控制

智能灵活的接入控制和管理，需要实时监测网络状态、无线环境、用户行为、终端能力以及业务和应用的情况。自适应的无线接入和协议定制化部署依赖无线感知的能力。根据现场感知情况，在网络侧进行智能分析、判断，控制接入类型、管理和分配无线资源，将不同的业务数据流映射到最合适的接入技术、无线资源上，提升用户的业务体验和网络的资源使用效率。

根据无线环境的状况、空口资源的使用情况，为保障业务体验，RAN 侧可以选择链路质量最好的一个或几个站点完成用户的接入请求，在业务进行过程中，选择干扰最小的空口资源进行动态调度和干扰协调抑制。

认知无线电(Cognitive Radio，CR)技术依赖无线侧对无线环境中频谱分布情况的感知能力，将感知到的频谱情况汇报到无线侧智能控制中心，进行频谱分析和决策，最终将射频单元调整到新的工作频点上。无线感知和智能控制的逻辑结构如图 5-5 所示。

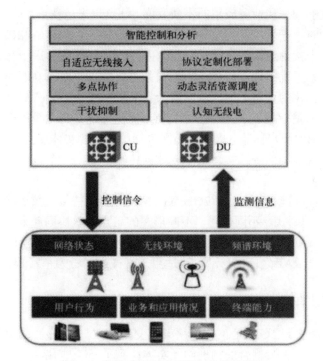

图 5-5　无线感知和智能控制的逻辑结构

5. 以用户为中心的接入网

5G RAN 不再以小区为无线网络架构设计的主要关注点，而是以用户为中心来设计网络架构，即面向用户无小区(User Centric No Cell，UCNC)技术，如图 5-6 所示。UE 的无线资源调度和无线通信链路建立与服务是解耦的。5G RAN 直接以 UE 为单位管理无线链路和无线资源。为 UE 服务的逻辑小区是一种可调度的无线资源(小区域)，类似于空口可调度的资源，如时间域、频率域和空间域。在 UE 需要提供服务的时间内，系统根据感知的无线环境和网络状态，确定服务的小区，进而确定频域和空域的资源。UCNC 技术的基础是虚拟化小区技术和 Cloud RAN 技术。

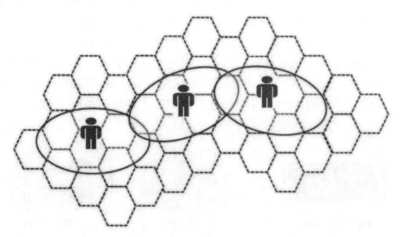

图 5-6　UCNC 技术

随着用户规模的增加和业务应用的不断发展，站点越来越密集，基于小区的 RAN 架构在小区重叠度较大时，干扰控制困难。4G 时代的协作多点传输(CoMP)技术是在不同基站之间通过协同处理干扰为边缘用户提供更高速率。CoMP 比较适用于在小区重叠度不高的情况下解决小区边缘干扰问题。而在 5G 密集组网时代，小区重叠度非常高，则需将相邻小区合并为一个虚拟化的逻辑小区，从而降低整个网络的干扰。

虚拟化小区技术是指打破小区的边界限制，提供无边界的无线接入技术，围绕用户建立覆盖、保证无边缘的用户体验。虚拟化小区包括虚拟层和实体层两层。虚拟层提供广播、寻呼、移动性管理等控制信令；实体层承载数据传输。在同一个虚拟层移动的时候，用户不会发生重选和切换。

Cloud RAN 技术可以把多 RAT(2G～5G、WiFi 等)的基带资源池化、云化。在同一个 RAN 架构下，将不同制式、不同位置、不同形态的站点有效协同起来。当用户在一个城市内移动时，业务体验如同在单一小区下移动，没有明显的变化和切换延迟。这种无缝移动性，不仅适用于不同 RAT 之间的移动，更适用于微微站间、宏基站间、宏微站间的组网。

5.2.2   5G 核心网架构

从 4G 核心网演变到 5G 核心网，网络架构变化巨大。4G 核心网由各个网元组成，这些网元是软件和专用硬件紧耦合的物理网元实体；到了 5G 时代，所有网元功能模块全部"软"化，以便构建基于服务化的核心网架构。5G 核心网是由 VNF 组成的，VNF 是构建在通用硬件上的软件包。4G 核心网的架构是单体式架构，网元之间的接口是点对点的通信接口；5G 核心网是基于微服务的架构，网络接口也是服务化的接口。5G 核心网模块化、软件化，使得网络灵活、伸缩自如，能力开放、解耦、可编排。

1. 基于服务的架构

服务化架构是一种在云架构中部署应用和服务的新 IT 技术，它把单体式(Monolithic)架构分解成微服务(Microservices)架构，一个服务具备单一职责，能够独立构建、独立部署和独立扩展。

5G 核心网的硬件和 IT 行业硬件一样都是通用服务器(如 X86 架构)。核心网网元功能被打散成一个个的网络功能(Network Function，NF)，每个网络功能又分为若干个服务，每个服务又提供几个操作。一个网络功能就是一个软件包，如同手机 APP，可以方便地安装在通用硬件上。每个服务提供对外接口，其他服务通过这个标准接口来使用服务。

5G 核心网采用基于服务的架构(Service Based Architecture，SBA)。SBA 的含义可以用图 5-7 表示。SBA 本身采用软件模块化设计的思想，不仅将各类网元功能"软"化，同时将传统网络各网元的逻辑功能进行了拆分和重组，使得每个"软"化的网元功能更清晰。

图 5-7   SBA 的含义

5G 中的 NF 指的是 AMF、SMF、AUSF、UDM、NEF、NRF、NSSF、UPF 等。网络功能的数量虽然增加很多，但很多网络功能是在虚拟化平台运行的软件包，可以集成在一个通用硬件设备上。例如，可以将 2G、3G 的 SGSN、4G 的 MME 功能虚拟化后，和 5G 的 AMF 整合到同一个物理节点之中，从而实现同时支持 GSM、WCDMA/HSPA、LTE 和 5G 的通用核心网。

　　NF 之间进行解耦，可以分布式部署、独立扩展、独立升级、独立割接、按需编排，如同在手机上更新或卸载 APP。服务化解耦的架构，使得单个网络功能的更新、演进和相互之间的影响降到最低，也支持所有 NF 全面灵活的扩容。

　　每个 NF 都有若干个服务，网络功能服务(NF Services)就是网络功能对外提供的服务，是 NF 的基本组成单元。服务拆分的原则是自包含、可重复使用、自管理、可被消费。

　　"网络功能服务"可以被授权的 NF 通过"基于服务的接口"(Service Based Interface，SBI)灵活使用。SBI 就是网络功能对外暴露的可供调用的接口(API)，HTTP2 是 SBI 接口的唯一协议。5G 核心网的接口关系，从 4G 网元间的固定连接关系变为网络功能服务间的关系。

2．NF 的发现和选择

　　5G 核心网中，NRF(NF Repository Function，NF 存储功能)支持 NF 的注册登记/注销、NF 服务的状态检测等，实现网络功能服务自动化管理、自动选择和自动扩展。当新的 NF 入网时，首先要在 NRF 中完成注册登记，登记信息包括如何找到这个 NF(IP 地址，FQDN)以及这个 NF 有哪些功能。

　　NF 被拆分成多个 NF Services 后，核心网的组成从几个网元变成上百个 NF Services，NRF 具有 NF Services 的自动化管理功能。NRF 的主要功能包括 NF Services 的自动注册、更新或去注册，NF Services 的自动发现和选择，NF Services 的状态检测。

　　在 5G 核心网中，NF Services 间的通信双方分别作为生产者和消费者。生产者在 NRF 发布相关能力，并不关注消费者是谁、在什么地方。消费者在 NRF 订阅相关能力，并不关注生产者是谁、在什么地方。这种模式非常适用于 5G 核心网信息交互的 NF 双方的接口解耦。

　　5G 核心网的 NF 选择和发现需要 NRF 来完成，分为以下几步：

　　(1) 新 NF 上线后主动向 NRF 注册自己的信息(地址和能力信息)。

　　(2) NRF 发布该 NF 信息，供其他 NF 选择。

　　(3) 其他 NF 查询 NRF，选择自己需要的 NF Services。

　　NF 请求者需要提供给 NRF 一些参数(类似于雇主对招聘者的要求)去发现和选择自己所需要的 NF Services。NRF 根据提供的参数要求来查询和返回结果，如表 5-2 所示。

表 5-2　NF 发现和选择的依据

选择对象	需要提供给 NRF 的主要参数
SMF	DNN、S-NSSAI、PLMN-ID 等
AUSF	MCC/MNC、SUCI 中的路由标识等
AMF	GUAMI、TAI 等
PCF	DNN、SUPI 范围 PDU 会话所属的 S-NSSAI 等
UDM	SUPI、SUCI 中的路由标识等

3. 网络开放功能

5G 应用从消费者个人领域向各行各业拓展，5G 网络服务于垂直行业的各种需求，要求 5G 核心网能够与第三方应用灵活地互动，从而提升网络资源利用率和用户业务体验，达到产业链共赢。一个新增第三方应用，不需要人工配置 5G 网络功能，便可以自动上线、自动配置、自动运维、自动优化，第三方应用和 5G 网络之间应有通用的标准规范。5G 核心网的网络开放功能(Network Exposure Function，NEF)就是各行各业的应用和 5G 核心网的一个标准化桥梁，能够帮助第三方应用功能(Application Function，AF)自动适配 5G 核心网的对外开放功能。

NEF 在网络架构中处于网络能力层的位置，如图 5-8 所示，具备资源编排、网络使能和开放互通三个功能。网络能力层和应用层之间是北向接口，网络能力层和网络层之间是南向接口。网络层的基础设施、管道能力、增值服务和数据信息可以通过能力层向第三方应用开放。

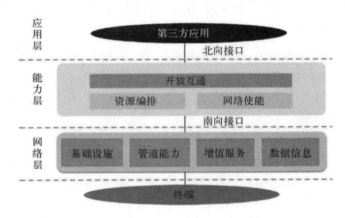

图 5-8　网络能力开放架构

通过 NEF 对外开放的能力有很多。在现阶段的实际网络中，NEF 的主要功能有以下几种。

(1) QoS 能力开放。例如，第三方应用可请求网络为其视频业务流量进行加速，或提供保障。

(2) 移动性状态事件订阅。只要某个应用对某个 UE 移动性状态感兴趣，且是经过授权的，NEF 就把这个事件开放给这个应用。例如，第三方应用可向 5G 核心网订阅 UE 的可达性、跟踪区范围内 UE 的总数、漫游状态等。5G 核心网的相关 NF 可通过 NEF 把这些事件提供给第三方应用。

(3) AF 请求的流量引导(或叫流量疏导)。例如，用户访问某个视频 APP，该应用可请求 5G 核心网对视频业务流重定向到离用户最近的 UPF 下。

(4) AF 请求的参数发放。例如，某个第三方应用可通过 NEF 来获取或修改 UDM 中的用户参数，如期望获取或修改 UE 移动轨迹的参数。

(5) 数据包流量描述(Packet Flow Description，PFD)管理。例如，由第三方应用提供的应用检测规则可通过 NEF 下发给 SMF，SMF 再发给 UPF 用于应用检测。通过 NEF 的 PFD 管理功能可以做更精准的应用检测。

4. 网络通信路径优化

2G/3G/4G 的核心网网元之间信息交互有固定的通信路径,不管处理什么应用的业务逻辑,网元之间的接口关系是不变的,信息交互的路径是固定的。例如,在 4G 网络中,UE 的位置信息从无线侧获取,并上报给 MME,再由 MME 通过 SGW 传递给 PGW,最后传递给 PCRF 进行策略的更新。

在 5G 核心网的服务化架构下,根据业务需求的不同,各 NF Services 之间可以任意组合,不同业务的信息交互路径会有很大的不同。网络通信路径可以根据用户的位置、应用平台的位置、业务的需求进行优化,随着用户位置的变化、应用平台的不同、业务需求的变化,网络通信路径也会相应地优化和更新。

5G 核心网各 NF 之间通信路径关系灵活、自动更新、自动优化,是 5G 核心网服务化架构的重要优势,是网络架构解耦、可编排、开放的技术基础。

5.2.3 5G 承载网架构

4G 网络中,RRU 和 Cloud BBU 之间的承载网称为前传,Cloud BBU 和 EPC 之间称为回传。5G 接入网的 AAU、DU 和 CU 之间,需要 5G 承载网负责连接,除了前传和回传之外,承载网增加了 DU 和 CU 之间的中传。AAU 和 DU 之间为前传,要求低时延组网,时延需求小于 100 μs(甚至 50 μs)。为降低带宽需求,5G AAU 与 DU/CU 间接口使用 eCPRI 标准,带宽需求可降低到 25G 接口,支持以太封装、分组承载和统计复用。DU 和 CU 之间的中传网,采用 IP 接口,带宽需求比回传稍大,但不超过 10%,对 uRLLC 业务有低时延需求。CU 和核心网之间的回传网,要求支持 4G/5G 双连接、基站协同、DC 互通,流量就近转发,承载网边缘部署等。

1. 5G 承载网的部署方式

除前传之外,承载网主要由城域网和骨干网共同组成。城域网又分为接入层、汇聚层和核心层。所有接入网的数据,最终通过逐层汇聚,到达顶层骨干网。

通信运营商在不同地方有不同等级的机房。大城市的电信大楼机房往往是核心机房;普通办公楼里面的基站机房,就是站点(接入)机房;小城市或区级电信楼里也有机房,可能是汇聚机房。承载网不同层级的设备分布在不同级别的机房里,如图 5-9 所示。

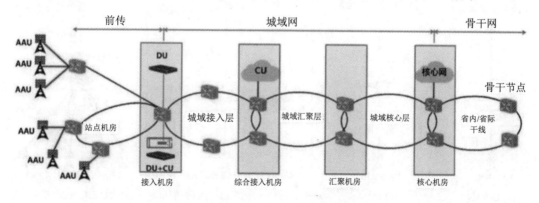

图 5-9 承载网部署方式

在 5G 网络中，DU 和 CU 的位置并非严格固定。运营商可以根据环境需要灵活调整。分布和集中，在 4G 网络中指的是 BBU 的分布或集中；在 5G 网络中，由于 CU、DU 功能的分离，则指的是 DU 的部署。5G RAN 可以有多种组网方式，包括传统的 D-RAN(Distributed RAN)部署方式、C-RAN(Centralized RAN)部署方式及 CU 云化的 Cloud-RAN 部署方式，如图 5-10 所示。

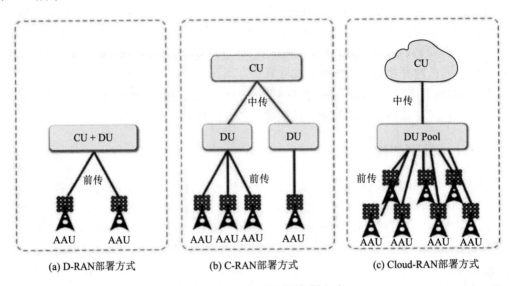

图 5-10　5G RAN 的不同部署方式

由于 5G RAN 部署方式的多样性，使得 5G 承载网前传、中传、回传的位置也随之不同，如图 5-11 所示。

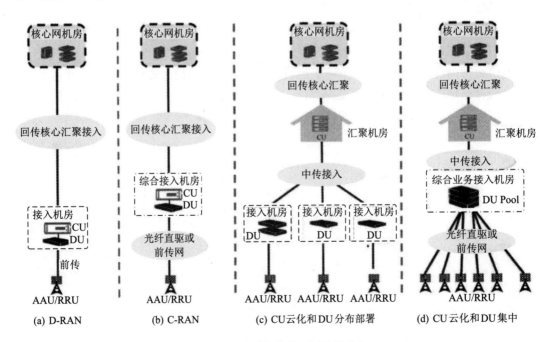

图 5-11　5G 承载网的不同位置分布

2. 5G 前传

5G 前传的基本特征是大带宽、低时延、10 km 以内的传输距离、无须路由转发功能、热点区域高密度站点分布。从 4G 演进到 5G，CPRI 接口带宽从 10 Gbit/s 以内增加到 100 Gbit/s，通过 CU/DU 灵活切分的方式，前传采用 eCPRI，单 AAU 的带宽需求从 100 Gbit/s 降低到 25 Gbit/s。CPRI 单向传输时延不高于 100 μs，但 5G 对单向传输时延要求高，前传设备转发时延单跳不能大于 5 μs。5G 应用对时钟精度要求较高，前传设备的时延抖动要小于 50 ns。

由于 5G 前传传输距离较近且无须路由转发，可以采用光纤直连方案，即 AAU 和 DU 之间全部采用点到点光纤直连组网。光纤直连方案实现简单，但光纤资源占用多。随着基站密度的增加，光纤直连方案对光纤资源需求急剧增加，且部署光缆难度大、成本高、周期长，光纤直连方案不适合在光纤资源紧张的地方使用。

通过光设备采用光纤复用的方案，可以最大程度降低主干光纤的数量。目前主流复用方案包括无源波分复用(Wavelength Division Multiplexing，WDM)方案和有源 WDM/OTN (Optical Transport Network)方案。

无源 WDM 方案将彩光模块安装到 AAU 和 DU 上，通过无源设备完成 WDM 功能，利用一对或一根光纤提供多个 AAU 到 DU 的连接。其中，彩光模块是光复用传输链路中的光/电转换器，也称为 WDM 波分光模块。不同中心波长的光信号在同一根光纤中传输不会互相干扰，所以彩光模块可实现将不同波长的光信号合成一路在光纤中传输，大大减少了链路成本。采用无源 WDM 方式，虽节约光纤资源，但也存在着运维困难，不易管理，故障定位较难等问题。

有源 WDM/OTN 方案是在 AAU 站点和 DU 机房中装配相应的 WDM/OTN 设备，多个前传信号通过 OTN 技术共享光纤资源，组网更加灵活，支持点对点方案和组环网方案。有源方案使用的光纤资源并没有增加，且可提供完善的操作维护管理功能，如性能监控、告警上报和设备管理，可以满足大量 AAU 的汇聚组网需求；如果有冗余路由，可提供 1 + 1 保护，支持自动倒换机制；可实现 20 km 左右的可靠无损传输，支持业务的硬管道隔离。

在一些边远地方，机房、供电、光纤管道等基础设施不完善，光纤敷设难度大，光纤设备安装困难，维护成本高，可以使用微波组网方案，降低对通信基础设施的依赖。

3. 5G 承载网的中传与回传

由于 5G 承载网的中传与回传在带宽、组网灵活性、网络切片等方面的需求基本一致，所以可以使用统一的承载方案。

IP RAN 技术是实现 RAN 的 IP 化传送技术的总称。IP RAN 技术支持二、三层灵活组网，产业链成熟，具有跨厂家的设备组网能力，可以支持 4G/5G 的混合业务统一承载。因此可以在现有 4G 成熟的 IP RAN 承载网基础上，通过扩容和升级满足 5G 的回传需求。

OTN 技术以波分复用技术为基础，结合了 SDH 和 WDM 技术的优势，实现了包括光层和电层在内的完善的管理监控机制。为适应 5G 的承载需求，OTN 进一步增强，称之为分组增强型的 OTN 设备。5G OTN 技术有强大的组网能力和端到端维护管理能力。

5G 承载网的中传与回传方案在现阶段主要有 OTN + IP RAN 和端到端 OTN 组网两种方案。

OTN + IP RAN 方案是指在回传网上基于现有 4G IP RAN 回传网进行 5G 承载网的增强，在中传网上新建 OTN 网络，如图 5-12 所示，可以最大程度保护运营商在 4G IP RAN 回传网上的投资，适合有庞大 IP RAN 承载网资源的运营商。5G 回传网的 IP RAN 技术需要引入 25GE、50GE、100GE 等大带宽接口技术，并引入灵活以太网(Flexible Ethernet，FlexE)技术以支持回传网的网络切片，进一步简化 IP RAN 的控制协议，基于 SDN 架构实现回传业务的自动发放和灵活调度能力。

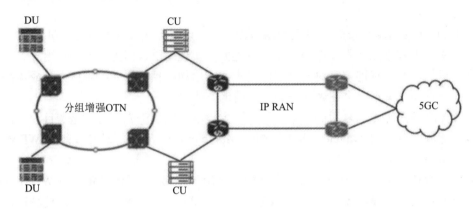

图 5-12　OTN+IP RAN 方案

　　利用分组增强型 OTN 设备组建 5G 中传网络，需引入超 100Gbit/s 的大带宽、全光组网的调度技术、灵活带宽调整技术、灵活的光网络(Flexible Optical，FlexO)技术、基于 SDN 的网络切片技术。对于已有 OTN 承载网资源的运营商，5G 中传与回传网络全部使用分组增强型 OTN 设备进行组网，即端到端的 OTN 组网方案，如图 5-13 所示，可以大幅降低中传与回传网的时延，提高中传与回传网的带宽；全光网也便于统一的维护管理，降低运维成本。

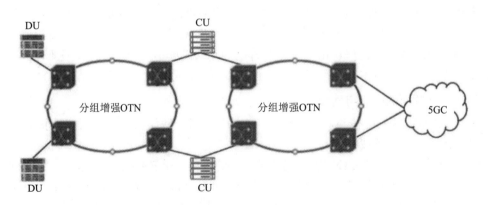

图 5-13　端到端分组增强型 OTN 组网方案

5.2.4　5G 基站的硬件组成

　　5G 基站普遍采用 BBU + AAU 的模式(有些场景采用 BBU + RRU 模式)。5G BBU 与 RRU/AAU/Massive MIMO 连接组成分布式基站。

参观 5G 站点

1. 5G BBU

5G BBU 包括多个插槽，可以配置不同功能的单板，其实物图如图 5-14 所示。表 5-3 所示为 5G BBU 单板配置规范。

图 5-14　5G BBU 实物图

表 5-3　5G BBU 单板配置规范

基带板/通用计算板　槽位 8		基带板/通用计算板　槽位 4		风扇模块 槽位 14
基带板/通用计算板　槽位 7		基带板/通用计算板　槽位 3		
基带板/通用计算板　槽位 6		交换板/通用计算板　槽位 2		
电源模块　槽位 5	环境监控模块　槽位 13	交换板　槽位 1		

(1) 交换板：实现基带单元的控制管理、以太网交换、传输接口处理、系统时钟的恢复和分发及空口高层协议的处理，提供 USB 接口用于软件升级和自动开站，交换板的实物图如图 5-15 所示。

图 5-15　交换板

(2) 基带板：用来处理 3GPP 定义的 5G 基带协议，实现物理层处理，提供上行/下行的 I/Q 信号，实现 MAC、RLC 和 PDCP 协议，基带板的实物图如图 5-16 所示。

图 5-16　基带板

(3) 通用计算板：可用作移动边缘计算(MEC)、应用服务器、缓存中心等，通用计算板的实物图如图 5-17 所示。

图 5-17　通用计算板

(4) 环境监控模块(可选)：管理 BBU 告警，并提供干接点接入、完成环境监控功能。环境监控模块的实物图如图 5-18 所示。

图 5-18   环境监控模块

(5) 电源模块：实现 −48 V 直流输入电源的防护、滤波、防反接；输出支持 −48 V 主备功能；支持欠压告警；支持电压和电流监控；支持温度监控，电源模块的实物图如图 5-19 所示。

图 5-19   电源模块

(6) 风扇模块：可以实现系统温度的检测控制、风扇状态监测、控制与上报，风扇模块的实物图如图 5-20 所示。

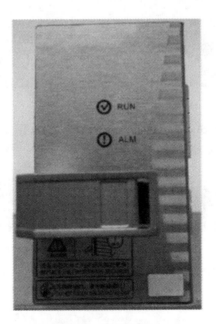

图 5-20   风扇模块

2. 5G AAU(宏站)

AAU 是 RRU 和天线一体化设备，其外观如图 5-21 所示。AAU 由天线、滤波器、射频模块和电源模块组成,具体功能如下。

(1) 天线:由多个天线端口和多个天线振子组成,实现信号收/发。

(2) 滤波器:与每个收/发通道对应,为满足基站射频指标,提供相关抑制。

(3) 射频模块:提供多个收/发通道、功率放大、低噪声放大、输出功率管理、模块温度监控,将基带信号与高频信号相互转化。

(4) 电源模块:提供整机所需电源、电源控制、电源告警、功耗上报、防雷功能。

AAU 布线

图 5-21　5G AAU 实物图

5.3　5G 关键技术

5.3.1　Massive MIMO 技术

Massive MIMO 技术

与 LTE 的 MIMO 相比,5G Massive MIMO(也叫 NR MIMO)的主要不同之处是基站侧的天线数远远大于用户端的天线数目。当发送端的天线数目足够大时,可以认为趋于无穷,基站到各个用户的空间无线信道趋于正交,空间信道容易区分,用户间干扰将趋于消失。

5G Massive MIMO 带来很大的阵列增益,能够有效提升每个用户的信号质量(信噪比)。5G Massive MIMO 采用大规模天线阵列,信号可以在水平和垂直方向进行动态调整,能量可以更加准确地集中指向特定的 UE,可以支持多个 UE 间的空间复用,从而降低小区间干扰;采用大量收发信机(TRX)与多个天线阵列,可以将波束赋形与用户间的空间复用相结合,从而大幅提高覆盖范围内的频谱效率。

天线数目越多，天线阵列的波束赋形能力越强。天线阵列可以针对每个 UE 形成一个波束，天线数量越多，波束宽度可以越窄，不同波束之间、不同用户之间的干扰会比较少，因为不同的波束都有各自的聚焦区域，这些区域都非常小，彼此之间没有什么交集。

在低频段，一个波束能提供较大的覆盖；但在高频段，单个波束的覆盖范围降低，所以在高频段时，大规模天线需要多个波束协同操作才能扩展覆盖。多波束的协同操作，如图 5-22 所示，需要终端基于波束进行测量，并将测量的结果上报基站，基站根据多个波束的报告进行协同计算，指示下行参考信号的波束方向，以此来确定控制波束或数据波束的方向，如果终端和基站之间的波束被突如其来的物体阻挡，则基站和终端进行交互，以便从波束故障中快速恢复。5G UE 能够基于 MIMO 的波束进行测量，而 4G UE 仅能测量基于小区的参考信号，这也是 5G MIMO 的优势之一。

(a) 波束测量和报告   (b) 波束指示   (c) 波束失败报告

图 5-22   多波束协同操作

Massive MIMO 具有极精确的超窄波束能力，可以根据用户位置调整波束的方向，将能量精确投放到用户所在的地方。相对传统宽波束天线来说，Massive MIMO 超窄波束能力可以提升信号覆盖、降低小区间的用户干扰。

天线波束赋形分为静态波束和动态波束。广播信道和控制信道采用小区级静态波束，是一种窄波束，在合适的时频资源里发送窄波束，通过轮询扫描形式覆盖整个小区，可以依据场景进行波束定制和规划；数据业务的波束采用用户级动态波束赋形，无须进行波束定制。

5G Massive MIMO 天线的使用可以给 5G 系统性能带来以下好处：

(1) 提供丰富的空间资源，支持空分多址 SDMA。

(2) 相同的时频资源在多个用户之间复用，提升频谱效率。

(3) 同一信号有更多可能的到达路径，提升信号的可靠性。

(4) 抗干扰能力强，降低对周边基站的干扰。

(5) 窄波束可以集中辐射更小的空间区域，减少基站发射功率损耗。

(6) 提升小区峰值吞吐率、小区平均吞吐率、边缘用户平均吞吐率。

5.3.2   超密集组网技术

5G 时代，在密集住宅、办公室、大型集会、体育场、购物中心、地铁等流量热点场景，每平方公里的流量需满足 10 Tbit/s，每平方公里的连接数要满足 100 万，用户体验速率需要达到 1 Gbit/s。超密集组网(Ultra Dense Network，UDN)通过小功率基站多点部署，可以实现 5G 信号的均

超密集组网技术

匀适度覆盖，大幅提升频率复用效率和网络容量，是热点高容量场景的关键技术。

超密集组网区域中，多 RAT 共存，有 2G/3G 小基站的接入，LTE、基站的接入，5G 基站的接入，WiFi AP 的接入，物联网无线传感网的接入，车联网的接入等，5G 超密集组网是异构网络，如图 5-23 所示。

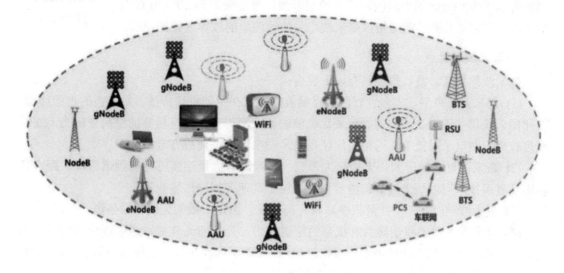

图 5-23　5G 超密集异构组网

超密集组网通过超大规模低功率节点实现热点增强、盲点消除，改善网络覆盖、提高系统容量。但随着站点密度的增加，高速移动的用户会频繁切换，同时一个用户会受到多个密集邻区的同频干扰，当这种干扰到达一定程度时，用户体验速率将急剧下降。

超密集组网在均匀覆盖、提升容量的同时，移动性处理和干扰协调所产生的信令负荷会随着站点密度的增长呈二次方增长，如何在不同小区间进行资源联合优化、负载均衡，是超密集组网需解决的问题。超密集组网需要部署大规模的小基站，随着基站数目的增加，需要更多的站址资源、天面资源、传输资源，同时也会增大运营商初期的建网成本和后期的运维成本。

5G 超密集组网分为宏基站＋微基站、微基站＋微基站两种场景化部署方案。

(1) 宏基站＋微基站部署方案：在业务层面，宏基站负责低速率、高移动性类的数据传输，微基站主要承载高带宽业务。宏基站负责覆盖以及微基站接入控制、无线资源协调、移动性管理、干扰协调等，微基站只负责覆盖范围内的数据承载和容量，实现数据分流。根据业务发展需求以及分布特性灵活部署微基站，可提升用户体验，提升资源利用率。

(2) 微基站＋微基站部署方案：当网络负载低时，分簇化集中管理微基站，由同一簇内的微基站组成虚拟宏基站，负责覆盖和微基站间的资源协同管理。虚拟宏基站需要簇内多个微基站共享资源(包括信号、信道、载波等)，在共享的资源上进行控制面信令的传输，以达到虚拟宏小区的目的。同时，各个微基站在其剩余资源上单独进行用户面数据的传输，终端可获得接收分集增益，提升了接收信号质量。这种方案本质上是虚拟宏基站和微基站组网，实现控制面与数据面的分离。但当网络负载高时，每个微基站成为一个独立的小区，发送各自的数据信息，实现小区分裂，从而提升了网络容量。

5.3.3　毫米波技术

一般将 6 GHz 以上的频段称为高频段。毫米波是波长为 1～10 mm、频率为 30～300 GHz 的电磁波，广义的毫米波也包括频率为 20～30 GHz 的电磁波。毫米波通信就是指以毫米波作为传输信息的载体进行的通信。

毫米波技术

1．毫米波的优点

毫米波频率高、波长短，具有以下优点：

(1) 毫米波波束窄、方向性好，以直射波的方式在空间进行传播，是典型的视距传输。在相同天线尺寸下，毫米波的波束要比微波的波束窄得多，具有极高的空间分辨力，跟踪精度较高。在电子对抗中，通信系统使用毫米波窄波束，使敌方难以截获。

(2) 毫米波可用频谱大、支持超大带宽。毫米波有大量连续可用的频谱资源，配合各种多址复用技术可以极大提升信道容量，适用于高速多媒体传输业务。

(3) 毫米波频段高，干扰源很少，具有高质量、恒定参数的无线传输信道。

(4) 毫米波对沙尘和烟雾具有很强的穿透能力，几乎能无衰减地通过沙尘和烟雾。激光和红外在沙尘和烟雾的环境中传播损耗相当大，而毫米波在这样的环境中却有明显优势。

(5) 毫米波的天线尺寸很小，易于在较小的空间内集成大规模天线阵。

2．毫米波的缺点

毫米波的缺点也非常明显，主要缺点如下：

(1) 相对于微波来说，毫米波由于频率高，在大气中传播衰减严重。例如，无线电波频率每升高一倍，则大气中的传播损耗增加 6 dB，所以毫米波在大气中衰减严重，且降雨时衰减大，降雨的瞬时强度越大、雨滴越大，所引起的衰减越严重。毫米波的单跳通信距离相对于微波来说较短。

(2) 毫米波器件的加工精度要求高。与微波雷达相比，毫米波雷达的元器件批量生产成品率低，并且许多器件在毫米波频段均需涂金或者涂银，因此器件生产成本较高。

毫米波目前的应用研究集中在"大气窗口"和"衰减峰"频率上。"大气窗口"是指 35 GHz、45 GHz、94 GHz、140 GHz、220 GHz 频段，在这些特殊频段附近，毫米波传播受到的衰减较小，一般来说，"大气窗口"频段比较适用于点对点通信，已经被地空、空地导弹和地基雷达所采用。在 60 GHz、120 GHz、180 GHz 频段附近的衰减出现极大值，高达 20 dB/km 以上，被称作"衰减峰"。通常这些"衰减峰"频段被多路分集的隐蔽网络和系统优先选用，用以满足网络安全系数的要求。

5G 毫米波推荐频段为 28 GHz、37 GHz、39 GHz 和 57～66 GHz，如图 5-24 所示。这 4 个推荐频段能在多路径环境中进行相对较远距离的传播，并且能用于非可视距离通信。具有波束成形与波束追踪功能的高定向毫米波天线能提供高度安全且稳定的无线通信。

在 5G 移动通信领域，毫米波主要应用于室内流量热点场景，也用于基站间的无线回传、基于 D2D 技术的高频通信、车载通信等场景。

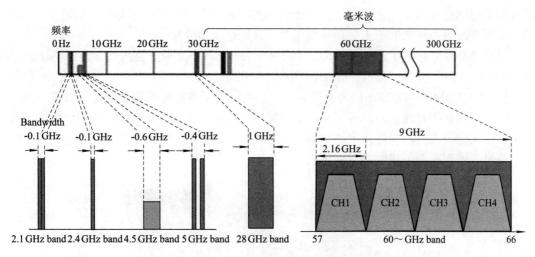

图 5-24　5G 毫米波推荐频段

5.3.4　新多址接入

正交多址接入技术无法适应 5G mMTC 和 uRLLC 场景，为进一步增强频谱效率，提升有限资源下的用户连接数，满足低时延高可靠的应用需求，提出了非正交多址接入 (Non-Orthogonal Multiple Access，NOMA)技术。

NOMA 通过功率复用或特征码本设计，允许不同用户占用相同的时域、频域、空域等资源，相对于正交多址技术来说，系统容量可以取得明显增益，尤其是在物联网大连接和低时延的场景下。

对于上行密集场景，广覆盖多节点接入，远近效应明显，采用功率复用 NOMA，多个用户同时占用相同的时频资源，弱信号用户先解码强干扰，消除干扰的影响，再解码自己的消息，多个用户均可提升速率，实现最优整体容量，并改善弱用户最大速率。由于时频资源的非正交分配，NOMA 具有更高的过载率，从而在不影响用户体验的前提下增加系统总吞吐量，满足 5G 的海量连接、低时延和高频谱效率需求。

由于 NOMA 技术中多用户在相同的无线资源上进行信号叠加发送，主动引入干扰信息，用户间存在严重的多址干扰，使得多用户检测的复杂度急剧增加，因此 NOMA 技术实现的难点在于 NOMA 接收机的设计，需要低复杂度和高效的接收机算法，即 NOMA 是利用复杂的接收机设计来换取更高的频谱效率。

实现 NOMA 技术的关键技术有如下两种：

(1) 串行干扰消除(Successive Interference Cancellation，SIC)。NOMA 接收机的重要任务是消除多址干扰。SIC 技术的基本思想是逐级减去最大信号功率用户的干扰，在接收信号中对多个用户逐个进行数据判决，每检测出一个用户并进行幅度恢复后，就将该用户信号产生的多址干扰从接收信号中减去，并对剩下的用户再次进行判决，如此按照信号功率大小循环操作，直至消除所有用户的多址干扰。

(2) 功率复用。接收端使用 SIC 技术消除多址干扰，首先需要依据用户信号功率大小来排出消除干扰用户的先后顺序。为了获取系统最大的性能增益，基站在发送端对不同用户分配不同的信号功率,以此来达到区分用户的目的。功率复用技术与简单的功率控制不同,需要基站遵循相关的非正交功率复用算法来进行功率分配。

目前 NOMA 技术中较有竞争力的有 F-OFDM(滤波正交频分复用)、SCMA(稀疏码多址)、MUSA(多用户共享接入)、PDMA(图样分割多址)。

(1) F-OFDM:F-OFDM 能为不同业务提供不同的子载波时频资源配置,如图 5-25 所示。不同带宽的子载波之间,不再具备正交特性,需要引入保护带宽。F-OFDM 增加了空口资源接入的灵活性,通过使用优化的滤波器,F-OFDM 可以把不同带宽子载波之间的保护频带最低做到一个子载波带宽,频谱利用率不会降低。

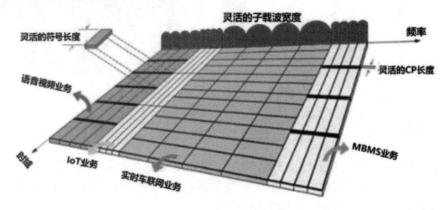

图 5-25　F-OFDM 时频资源配置

(2) SCMA:F-OFDM 解决了业务灵活性的问题,但还需考虑如何利用有限的频谱,提高资源利用率,容纳更多用户,达到更高吞吐率。SCMA 技术引入稀疏码本,通过码域多址实现了频谱效率的 3 倍提升。

SCMA 的一个关键技术是低密度扩频,如图 5-26 所示,SCMA 的原理是把单个子载波的用户数据扩频到 4 个子载波上,然后 6 个用户共享这 4 个子载波。SCMA 的另一个关键技术是高维调制,每个用户的数据在幅值和相位的基础上,使用系统分配的稀疏码本再进行调制,接收端知道每个用户的码本,这样就可以在不正交的情况下,把不同用户的数据解调出来。

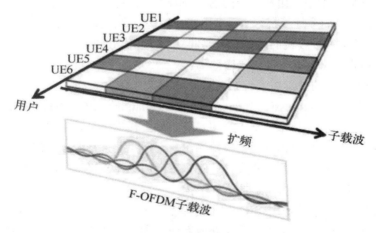

图 5-26　SCMA 原理

SCMA 在使用相同频谱情况下，引入码域多址，大大提升了频谱效率，通过使用数量更多的载波组，并调整单用户承载数据的子载波数(即稀疏度)，频谱效率可以提升 3 倍以上。

(3) MUSA：mMTC 场景对频谱效率的要求不高，但每平方公里需要支撑上百万的连接数。上行需要考虑数据包小且离散的特点，要求成本低、功耗小的终端，因此调度和控制的开销应尽量降低，以免增加终端复杂度和成本，同时增加终端耗电。

MUSA 是一种基于码域的上行 NOMA 技术。它将每个终端调制后的数据符号采用特殊设计的序列进行扩展，这种序列易于采用后续的干扰消除算法。每个用户扩展后的符号采用共享接入技术，利用相同无线资源进行发送。在基站侧，采用 SIC 技术从叠加信道中对每个用户的数据进行解码，如图 5-27 所示。为降低多个用户和系统间的干扰，MUSA 中特殊设计的分布序列相关性要低，为降低 SIC 实现的复杂度，尽量使用短一些的伪随机序列。

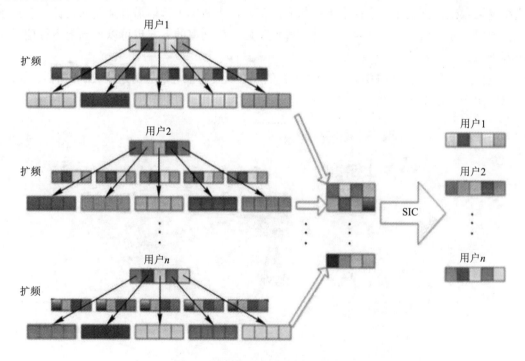

图 5-27　MUSA 原理

(4) PDMA：PDMA 技术在发送端使用功率/空间/编码等多种信号域的单独或联合非正交特征图样区分用户。PDMA 的图样就是在时频资源的基础上功率域、空域和码域等资源的组合，重叠用户信息依据不同图样来区分。接收端采用 SIC 实现准最优多用户的检测和解码。PDMA 通过发送端和接收端的联合设计，实现多用户通信系统频谱效率的提升。

PDMA 技术需要在多个维度上联合计算，才能获取更优性能。某些图样会导致系统的峰均比增高，系统性能下降，某些图样会提升系统性能，但接收机复杂度也同时增加不少。因此多个域的联合图样设计，需要在系统性能和接收机复杂度二者之间进行均衡。

5.3.5　双工技术

1. 灵活双工

灵活双工能够根据上下行业务变化情况动态分配上下行资源,比固定的时频资源分配有更高的系统资源利用率。灵活双工可以在 TDD 系统和 FDD 系统中实现。在 TDD 系统中,每个小区根据上下行业务量需求来决定用于上下行传输的时隙数目,称为灵活双工。TD-LTE 和 5G NR 的 TDD 均可以动态配置上下行时隙,5G NR 的灵活度更大。FDD 系统的灵活双工可以通过时域或频域的方案实现。在时隙方案的灵活双工中,每个小区可根据业务量的需求将上行频带配置成不同的上下行时隙配比。在频域方案的灵活双工中,可以将原上行频带的位置根据上下行非对称业务的需求配置为下行频带。

> 5G 双工技术

灵活双工的主要技术难点在于不同通信设备上下行信号间的相互干扰问题。5G 系统为支持灵活双工,抑制相邻小区上下行信号的干扰,需要上下行信道有全新的设计,包括子载波映射、参考信号正交性等。另外,降低基站发射功率的方式也可以抑制上下行信号间的互干扰。

灵活双工顺应了 5G TDD 与 FDD 融合的趋势,具有很好的业务适配性。灵活双工技术可以应用于低功率节点的小基站,也可以应用于低功率的中继节点,如图 5-28 所示。

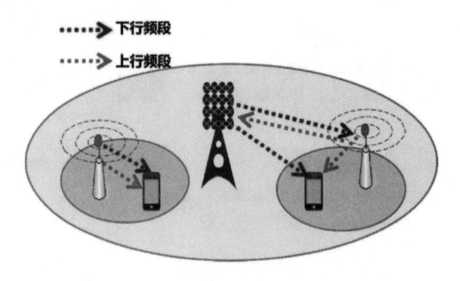

图 5-28　灵活双工的应用场景

2. 同时同频全双工

同时同频全双工技术是指通信系统的发射机和接收机使用相同时频资源进行的通信,即上下行信号可以在相同时间、相同频率里发送。通信节点实现同时同频双向通信,频谱资源的使用更加灵活,突破了现有的频分双工(FDD)和时分双工(TDD)模式。

为了避免发射机信号对接收机信号在频域或时域上的干扰,同时同频全双工技术采用了干扰消除的方法,减少了传统 TDD 或 FDD 双工模式中频率或时隙资源的开销,从而将无线资源的使用效率提升近一倍，如图 5-29 所示。

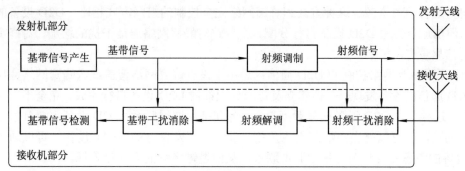

图 5-29　同时同频全双工节点结构

所有同时同频发射节点对于非目标接收节点都是干扰源，同时同频的发射信号对本地接收机来说是强自干扰，尤其是在多天线及密集组网的场景下。因此，同时同频全双工系统的关键在于发射端对接收端自干扰的有效消除。

根据干扰消除方式和位置的不同，有天线干扰消除、射频干扰消除和数字干扰消除三种自干扰消除技术。

(1) 天线干扰消除。天线干扰消除的方法是指将发射天线与接收天线在空间分离，使得两路发射信号在接收天线处相位相差 180° 的奇数倍，这样可以使两路自干扰信号在接收点处对消。相位相差 180°，可以通过调整天线的布放位置实现，也可以通过在发射点或接收点安装相位反转器件来实现。

(2) 射频干扰消除。射频干扰消除是在发射端将发射信号一分为二，一路发射出去，另一路作为干扰参考信号，通过反馈电路将信号的幅值和相位调节后送到接收端，在接收端的信号中把干扰信号减去，实现自干扰信号的消除。

(3) 数字干扰消除。数字干扰消除是将发射机的基带信号通过数字信道估计器和数字滤波器，在数字域模拟空中发射信号到达接收点的多径无线信号，在接收点完成干扰对消。

5.3.6　D2D 技术

D2D 技术是指移动网络中相邻设备之间直接交换数据信息的技术。一旦设备和设备之间的直接通信链路建立起来，传输数据就无须基站设备的干预，可以降低移动通信系统基站和核心网的压力，提升频谱利用率和吞吐量。D2D 通信是一种设备到设备的直接通信技术，与蜂窝通信最主要的区别就是数据交互不需要基站的中转。

D2D 技术

1. D2D 通信的 3 种方式

D2D 通信是指两个对等的设备节点之间直接进行数据转发的一种通信方式。按照蜂窝网络中基站参与设备通信的程度不同，D2D 通信分为 3 种方式：蜂窝网络控制下的 D2D 通信、蜂窝网络辅助控制下的 D2D 通信、不受蜂窝网络控制的 D2D 通信。

(1) 蜂窝网络控制下的 D2D 通信：蜂窝网络下，从设备的发现、会话的建立到通信资源的分配都严格在基站的管控下完成。

(2) 蜂窝网络辅助控制下的 D2D 通信：基站只在开始阶段参与设备的发现和会话建立，

引导设备双方建立连接,后续 D2D 设备信道资源的分配由 D2D 设备按照内置的资源分配算法自行选择信道资源。这种方式和蜂窝网络完全控制的组网方式相比,D2D 设备的复杂度低,但信道资源由 D2D 设备自行分配,会导致对蜂窝网络通信干扰的增加,对蜂窝网用户的通信质量有所影响。

(3) 不受蜂窝网络控制的 D2D 通信:适用于没有蜂窝网络覆盖或者蜂窝网络瘫痪的情况。D2D 通信的设备发现、会话建立及资源分配都由 D2D 设备自行完成,完全不需要基站的参与,这种方式 D2D 设备的复杂度最高。为和基站取得联系,D2D 设备需要具备自动转发消息的功能,可以充当中继节点的角色。没有蜂窝网信号的 D2D 设备,可以通过中间 D2D 设备的消息转发和远方基站取得联系,从而通过多跳的方式接入蜂窝网。

2. D2D 通信的关键技术

D2D 通信的关键技术有资源分配、功率控制和干扰协调。

(1) 资源分配。D2D 通信资源分配的方式包括蜂窝模式、专用资源模式和复用模式。蜂窝模式是指 D2D 设备的信道使用蜂窝小区的剩余时频资源;专用资源模式是指 D2D 设备的信道使用专用的时频资源,和蜂窝网的时频资源没有关系;复用模式是指 D2D 设备的信道复用上行或下行的时频资源。

(2) 功率控制。静态功率控制是指 D2D 设备的发射功率在一定时间内恒定不变,静态功率控制不能反映信道环境的实时变化。动态功率控制是指 D2D 设备的发射功率根据信道环境和用户位置的变化进行动态调整。D2D 设备在无线环境剧烈变换的场景中使用动态功率控制,可以大幅提升 D2D 设备之间的通信质量,有效控制干扰。

(3) 干扰协调。D2D 设备在蜂窝模式和专用资源模式下,各通信链路分配正交资源,设备可采用最大功率实现最佳性能,不必考虑干扰。复用蜂窝链路资源会引入新的干扰,包括 D2D 链路对蜂窝通信的干扰和蜂窝链路对 D2D 通信的干扰。复用模式下,可分为复用上行资源和复用下行资源,两种情形的干扰源和"受害者"有所不同。当 D2D 设备距离基站较远时,上行频段效果比下行频段好;当 D2D 设备距离基站较近时,下行频段效果比上行频段好。

5.3.7　5G 边缘计算

《中国边缘计算产业联盟白皮书》中将边缘计算定义为:边缘计算是在靠近物或数据源头的网络边缘侧,融合网络、计算、存储、应用核心能力的开放平台,就近提供边缘智能服务,满足行业数字化在敏捷连接、实时业务、数据优化、应用智能、安全与隐私保护等方面的关键需求。欧洲电信标准化协会(ETSI)定义边缘计算为:在移动网络边缘提供 IT 服务环境和云计算能力,可以处理传统网络基础架构所不能处理的任务。

MEC 技术

边缘计算典型部署场景与本地分流、本地计算、边云协同、能力开放的特征密切相关,这 4 个特征构建了边缘计算特有的基本能力,不同的能力组合满足不同的业务部署需求。

1. 本地分流

本地分流是边缘计算的基本特征之一,用户可以基于 APN/IP 地址识别企业用户,将企业用户访问本地的业务数据分流到企业本地服务器,形成本地专网业务,而本地业务数据流无须经过核心网，直接由边缘计算平台分流至本地网络。边缘计算通过本地分流实现了节省传输带宽、保障本地安全和降低网络时延的基本能力。

(1) 节省传输带宽：5G 网络 1 Gbit/s 的体验速率，大幅提升了对网络传输的需求。针对传输受限的场景，包括传输困难的业务突发场景和传输资源不足的热点区域，将业务向网络边缘下沉，通过业务本地分流，减少路由迂回，可有效降低传输扩容需求。

(2) 保障本地安全：移动宽带网络逐步成为企业办公和行业营销的基础平台，细分领域的需求也逐步增多。例如，企业为了满足移动办公和内部数据安全性的需要，希望通过企业园区内网实现对私有云数据的访问，这就需要在内、外网隔离的同时，又可以具备本地业务分流的能力。边缘计算区域化、个性化的本地服务属性，可以实现接入边缘计算的本地资源与网络其他部分隔离，这对局域性强、安全性要求高的业务非常重要。边缘计算可以为接入用户选择性地提供带有本地特色的服务内容，也可以将敏感信息或隐私数据控制在区域内部。

(3) 降低网络时延：5G uRLLC 低时延场景期望的端到端时延在毫秒数量级上，将业务下沉至网络边缘，可减少网络传输和多级业务转发带来的网络时延。边缘计算作为 5G 演进的关键技术，可以在更靠近客户的移动网络边缘提供云计算能力和 IT 服务的环境，通过减少路由迂回，降低对核心网络及骨干传输网络的占用，降低端到端时延。

2. 本地计算

边缘计算节点通过对现场和终端数据的采集，可按照规则或数据模型对数据进行计算、处理、优化和存储，并将处理结果及相关数据上传到云端。数据处理与分析需要考虑时序数据库、数据预处理、流分析、函数计算、分布式人工智能和推理等方面的能力。边缘计算的本地计算特征将大大提升业务处理效率，并与 AI 技术进一步协同融合，实现网络智能化。

边缘计算通过本地计算实现了本地存储和本地处理两个基本能力。通过本地存储可以将内容提前缓存到网络边缘的服务器上，向用户就近提供服务，从而尽可能避开互联网上影响数据传输速度和稳定性的瓶颈和环节，使内容传输得更快、更稳定。进行本地处理时可以通过边缘计算平台对终端所采集的数据和内容进行分析和处理，如车辆路径优化分析、行车与停车引导等本地事件的智能分析和转发，监控画面的本地压缩，基于事件的监控视频片段的回传等，从而提升业务处理效率。

3. 边云协同

边缘计算提供现场综合计算能力，支撑智慧园区、平安城市、智能制造等场景，将中心云的能力拉近到边缘，是云计算创新突破的增长点。边缘计算需要与云计算协同，才能最大化增强和实现彼此的应用价值。

边云协同主要包括以下 6 种协同能力：

(1) 服务协同：云端提供 SaaS 分布策略，明确 SaaS 在云端和边缘的不同部署位置。

(2) 业务管理协同：边缘端提供模块化和微服务化的应用，云端提供对边缘端应用的业务编排管理。

(3) 应用管理协同：边缘节点提供应用的部署与运行环境，并进行管理、调度，云端提供应用开发测试环境和生命周期管理。

（4）智能协同：边缘节点按照人工智能模型执行推理，云端开展人工智能模型的集中训练，并下发模型到边缘。

（5）数据协同：边缘节点重点实现终端数据的采集和初步处理，并将结果上传到云端，云端则负责实现海量数据存储、分析和价值挖掘。

（6）资源协同：边缘节点可以提供基础设施资源，并可以进行本地调度和管理，同时接受并执行云端对设备、网络连接等资源的调度管理策略。

4. 能力开放

边缘计算能够实时感知和获取网络边缘的状态信息，包括无线网络性能信息、用户状态、位置信息和 QoS 能力等，并通过标准化接口 API 实现对应用的开放。例如，在车联网应用中，利用部署在 4G 或 5G 网络的边缘计算节点获取位置信息，辅助车载终端实现快速和高精度的定位。边缘计算的能力开放特征提供了第三方业务拓展能力，为本地化业务的快速开发和灵活部署奠定了良好基础，边缘计算能力开放示意如图 5-30 所示。

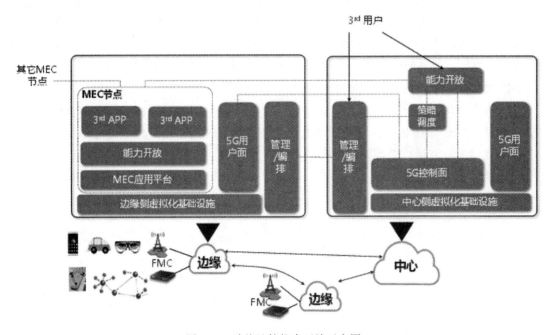

图 5-30　边缘计算能力开放示意图

本地分流、本地计算、边云协同和能力开放四大特征，通过将计算、存储、业务服务等能力向网络边缘下沉，实现应用、服务和内容的本地化部署，满足 5G 网络三大场景的业务需求。同时，边缘计算通过对移动网络场景信息的感知和分析，并开放给第三方业务应用，在实现网络和业务深度融合的同时，成为提升移动网络智能化水平的重要手段。

5.3.8　5G 网络切片技术

5G 三大应用场景对应的业务需求多种多样，对系统性能指标的要求存　　网络切片技术在较大差异。仅仅通过单一技术革新和一张网络难以满足 5G 三大应用场景的系统性能指标和业务需求，必须通过多种技术组合，构建具有高度灵活资源配置特性的技术体系，以满足多样化业务需求对网络性能指标的要求，其中最重要的实现途径就是网络切片技术的引入，通过在一个物理网络中分割多个互相隔离的逻辑网络，满足不同客户对网络能力的不同要求。

网络切片是指网络根据业务特征和需求，从无线接入网、核心网和传输网的网络资源进行网络功能、物理硬件及接口逻辑划分，满足不同业务对网络带宽、时延、可靠性等网络性能需求，且自身网络故障和恢复不影响其他切片业务。网络切片的概念如图 5-31 所示。

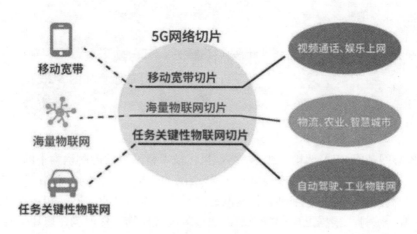

图 5-31　网络切片的概念

1. 网络切片的功能

(1) 网络切片是一组网络功能和资源的集合，可以为具有相同特征的业务场景配置相应的功能和资源。

(2) 网络切片是网络物理资源的逻辑实现，基于网络虚拟化技术，可按需定制网络切片的业务、功能、容量、QoS 等内容，并在保证资源安全隔离的前提下，实现网络切片的全生命周期管理。

(3) 网络切片具备端到端特性，切片资源纵贯接入网、核心网、传输网和管理网络等。

2. 网络切片的分类

网络切片多种多样，可以分别从业务场景和切片资源访问对象等维度进行类型的区分。

从业务场景维度看，通常根据 5G 三大业务场景，将网络切片划分为增强型移动宽带 eMBB 切片、大连接 IoT 网络 mMTC 切片和超低时延/超高可靠 uRLLC 切片，通过对网络和运维资源的配置整合，构成一个可以端到端承载网络功能的逻辑网络。以典型的 eMBB 场景下的网络切片为例，针对超高清视频、AR/VR 等大带宽业务需求，通常将 5G 核心网控制面网元和视频业务 QoS 服务，部署在核心数据中心 DC 或云资源池位置，而将用户面网元和 CDN 等视频缓冲器部署在靠近用户的网络层级的数据中心或云资源池中。

从切片资源访问对象维度看，通常根据切片功能资源的共享程度，将网络切片分为独立切片和共享切片两种类型。其中，当不同切片间的资源在逻辑上独立时，只能在单个网络切片专属使用，该网络切片称为独立切片；当不同切片间的资源可以被多个切片共享使用时，该网络切片称为共享切片。

网络切片具有端到端的特性，单个切片均会纵贯无线网、核心网和传输网，单个切片由多个子切片组合而成，并通过切片管理编排器进行端到端管理。5G 网络切片参考架构如图 5-32 所示。

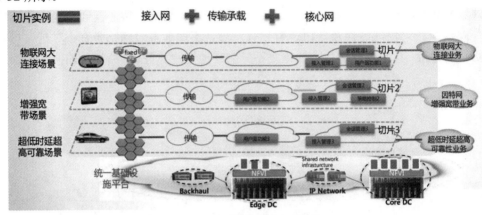

图 5-32　5G 网络切片参考架构

5G 核心网基于 SBA 架构，通过网络虚拟化技术将网络功能解耦为不同的服务化组件，并制定了组件之间的轻量级开放接口。5G 核心网的架构革新为满足网络切片的按需配置、自动扩缩和高隔离性奠定了基础。传输网通过对底层网络节点、网元和拓扑链路等基础设施资源的统一编排，根据上层业务需求，通过隔离底层物理资源构建切片子网，从而达到减轻核心网和骨干网流量负荷的目的。无线网(接入网)则利用空口资源动态分配方式将空口资源进行逻辑切分，突破现有频谱资源的固定分配格局，通过切片网间空口资源共享机制提升频段重耕可能性。网络切片编排器主要负责对 5G 业务资源、网络基础设施资源和切片策略等核心信息进行统一管理，由控制器依据业务需求和服务等级协议(SLA)，调配各层级网络资源并下发切片策略信息，建立按分布式方式部署的端到端逻辑切片子网。

5G 网络切片充分结合 SDN/NFV 技术，实现业务需求和网络资源的灵活匹配，从而满足 5G 时代不同垂直行业特定的功能要求。对于运营商，5G 网络切片帮助运营商打造敏捷灵活的网络，将业务延伸到垂直市场。运营商的基础设施以共享方式提供，极大提升了网络资源的利用效率，运营商提供不同切片能力，可以同时保障垂直行业差异化业务的不同技术要求，灵活开放的网络架构体系也可以为垂直行业提供相对独立的运营能力，保证其业务开展的灵活性和个性化。对于垂直领域行业，通过与运营商的业务合作，无须建设移动专网，即可更方便、快捷地使用 5G 网络，并得到所需的业务保障，提升其快速开展个性化业务的能力，尽快拓展业务市场。

5.4　技能训练——5G 网络建设

本次仿真实验中配置了一个基站、一个核心网及两部手机，其拓扑结构如图 5-33 所示，相关设备规划和接口规划如表 5-4、表 5-5 所示。仿真资源地址为 116.62.4.204：4007。

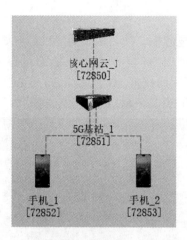

图 5-33　实验拓扑结构

表 5-4　相关设备规划

设备	数量	安装位置
5G 核心网云	1	中心机房
AMP	2	中心机房、楼顶机房
5G 基站	1	楼顶机房
手机	2	楼顶机房
GPS	1	楼顶
抱杆	3	楼顶

表 5-5　相关接口规划

源	宿	线缆类型
5G 基站-FE0	AMP1-FE0	网线
AMP1-FE0	AMP2-FE0	网线
AMP2-FE0	5G 核心网-FE0	网线
5G 基站-Uu	手机-Uu	Uu

1. 实验步骤

1) 场景选择

(1) 本节使用的仿真软件与 2.4 节一致，单击"设备安装"，进入设备安装场景。这里选择城市中心场景，就近选择摩天大楼 A 座进行实验。

5G 核心网建在中心机房，5G 基站建在楼顶的"楼顶机房"，二者通过接口单元 AMP 相连。基站侧室外可以安装 AAU、GPS 等设备；基站侧机房根据需要可以选择安装 BBU、PTN、终端等多种设备。

2) 基站机房设备的安装

基站机房设备安装可参见 2.4 节基站信号传输实验。

3) 核心网机房设备的安装

(1) 进入中心机房，安装电源柜、动力柜和通信机柜，如图 5-34 所示。

(2) 在左侧设备选取栏拖拽出 5G 核心网云和 AMP 设备添加到通信机柜内。

(3) 按照硬件接口规划表，用网线把 5G 基站和 5G 核心网设备连接起来：基站侧 UMPT 单板 FE0 口→基站侧 AMP 的 FE0 口→5G 核心网侧 AMP 的 FE0 口→5G 核心网侧 FE0 口。

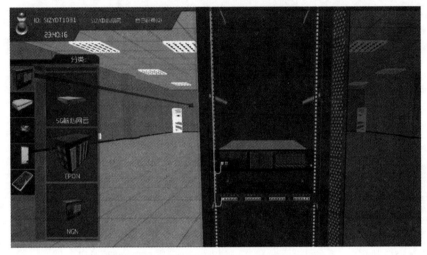

图 5-34　5G 核心网云和 AMP 设备安装界面

4) 数据配置

设备安装完成后，返回仿真软件主界面，单击"系统调试"按钮，进入后台数据配置界面，如图 5-35 所示。选择相应设备，按照项目规划进行相关设备的数据配置。

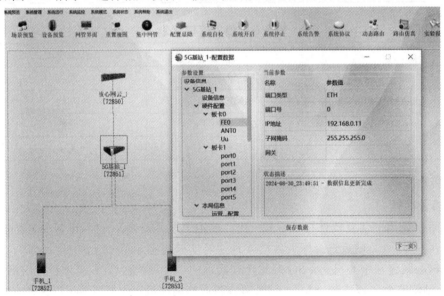

图 5-35　数据配置界面

在配置完成后，用其中一部手机拨打另一部手机，如果可以实现正常通话，如图 5-36 所示，则实验完成。

图 5-36　实验结果验证

如果两部手机之间无法实现互通，可以进入到后台，查看配置告警及业务告警。

2. 实验结果分析

本项目涉及的设备较多，每台设备需要配置的参数也很多，在项目实施过程中，由于操作不当、参数设置不当等会出现各种告警和故障，可根据告警提示进行修正，以保证项目的顺利进行。常见的故障及处理方法如表 5-6 所示。

表 5-6　常见故障及处理方法

常 见 故 障	处 理 方 法
IP 地址、子网掩码为空	检查参数是否正确，是否填写或保存
板卡和卡槽不匹配	检查板卡板槽顺序
局间链路不完整	根据规划表查看设备局间链路参数
SCTP 端口号配置不一致	查看两个设备的 IP 地址，修改 SCTP 链路配置
SN 码存在不一致	修改基站集中基站的 SN 码

3. 实验结论

(1) 一个基站的覆盖范围是有限的。例如，一个 2G 基站的覆盖半径约为 5～10 km；一个 3G 基站的覆盖半径约为 2～5 km；一个 4G 基站的覆盖半径约为 1～3 km；一个 5G 基站的覆盖半径一般约为 100～300 m。要想实现更大地理范围内的移动信号覆盖，就需要建设多个基站。

(2) 在移动通信系统中，移动终端可以在系统范围内任意移动。移动终端离开自己注册登记的服务区域，移动到另一服务区后，移动通信系统仍可向其提供服务的功能称为漫游。为了能把一个呼叫传送到移动终端，就必须有一个高效的位置管理系统来跟踪移动终端的位置变化。

(3) 移动终端在通话期间跨越小区或扇区时，网络进行实时控制，把移动终端从原小区所用的信道切换到新小区的某一信道，使其维持通信连续性的系统功能称为切换。需要切换的原因主要有两种：一种是移动终端在与基站之间进行信息传输时，移动终端从一个无线覆盖小区移动到另一个无线覆盖小区，由于原来所用的信道传输质量太差而需要切换；

另一种是移动终端在与基站之间进行信息传输时，处于两个无线覆盖区之中，系统为了平衡业务而需要对当前所用的信道进行切换。

思 考 与 练 习

1. 填空题

(1) 5G 的法定名称为_____。

(2) 5G 的三大应用场景分别是_____、_____、_____。

(3) 推动和制定 5G 标准的两大国际组织分别是_____和_____。

(4) 毫米波是指波长为_____的电磁波。

(5) 提升无线系统容量可以通过加密小区部署提升_____复用度。

(6) 5G 网络架构通过_____、中传、回传三部分实现分层接入、灵活终结、统一控制。

2. 单项选择题

(1) 5G 在(   )应用场景中，对时延性与可靠性的要求最高。

A. 智能家居　　　　　　　　　B. 智能电网

C. 移动医疗、视频监控　　　　D. 车联网、工业控制

(2) 5G 网络的首批应用主要聚焦于(   )。

A. eMBB　　　　　　　　　　B. mMTC

C. uRLLC　　　　　　　　　 D. 以上都是

(3) 大规模 MIMO 系统通过以下哪种方式来提高系统容量(   )。

A. 减小小区尺寸　　　　　　　B. 增加基站天线数目

C. 增加系统带宽　　　　　　　D. 增大发射功率

(4) 通过在室内外热点区域密集部署(   )可以形成超密集组网。

A. 低功率小基站　　　　　　　B. 低功率大基站

C. 高功率小基站　　　　　　　D. 高功率大基站

(5) 下列关于 D2D 技术说法错误的是(   )。

A. 具有自动路由的功能　　　　B. 能共享硬件资源

C. 访问资源需要经过中间实体　D. 可以解决信道资源限制问题

3. 简答题

(1) 简述 5G 的主要应用场景及其特点。

(2) 解释 5G 网络架构中的 CU 和 DU 的作用及其分离的意义。

(3) 简述 5G 关键技术之一——Massive MIMO 的作用。

第6章　　6G 移动通信系统

知识点

(1) 6G 发展趋势及应用场景;
(2) 6G 系统的性能指标;
(3) 6G 网络的架构和关键技术。

学习目标

(1) 了解 6G 的发展趋势;
(2) 熟悉 6G 的应用场景;
(3) 熟悉 6G 的性能指标;
(4) 熟悉 6G 的网络架构;
(5) 了解 6G 的关键技术。

6.1　　6G 技术概述

6G,即第六代移动通信技术,在 2023 年 2 月的 ITU-R 第 43 次会议上被正式命名为 IMT-2030。2022 年 6 月,ITU 发布了面向 6G 的首份技术研究报告《未来技术趋势研究报告》,给出了 6G 主要技术驱动力以及无线网络和无线空口的候选技术。2023 年 6 月,ITU 发布了《IMT 面向 2030 及未来发展的框架和总体目标建议书》(简称《建议书》),该建议书汇聚了全球 6G 愿景共识,描绘了 6G 目标与趋势,提出了 6G 的典型场景及能力指标体系。

6.1.1　6G 发展趋势及应用场景

在需求和技术的双重驱动下,6G 不再只是通信技术的增强演进,而是通过通信技术与信息技术、数据技术、感知技术及人工智能(Artificial Intelligence，AI)等技术的深度融合，由移动通信网络发展而成的移动多维信息网络。未来 6G 网络不仅仅是一项赋能技术，更将作为一种具有广泛应用的社会基础设施而存在。

1. 6G 发展趋势

在 ITU-R 的 6G 建议书中，详细说明了 6G 的发展趋势，可总结为以下几点：

(1) 泛在智能与泛在计算。6G 将推动实现泛在智能和泛在计算，使智能服务和计算能力无处不在，满足各种应用场景的需求。

(2) 沉浸式多媒体和多感官通信。6G 将支持更丰富的沉浸式多媒体体验和多感官通信，为用户提供前所未有的交互感受。

(3) 数字孪生和扩展世界。通过 6G 技术，物理世界和虚拟世界将更加紧密地连接，数字孪生技术将得到广泛应用，推动构建扩展的虚拟世界。

(4) 智能工业与数字医疗。6G 将赋能智能工业和数字医疗领域，实现更高效的生产流程和更精准的医疗服务。

(5) 感知和通信的融合。6G 将推动感知和通信技术的深度融合，使网络能够更好地感知和理解物理世界，为各种应用提供更加丰富和准确的信息。

(6) 可持续性。6G 系统在设计时将充分考虑可持续性，包括能源效率、环境友好等方面，以支持构建绿色、低碳的信息社会。

可以预言 6G 将会是 5G 的一个进化体，继承发扬 5G 的优势，同时结合其他技术，打造出一个普适性的网络。在未来，6G 系统将在 AI、计算等新兴技术的加持下，伴随着传统无线技术及网络技术的持续演进，赋能千行百业。

2. 6G 应用场景

在 ITU-R 的 6G 建议书中，将 5G 的三大应用场景扩展为 6G 的六大应用场景，分别为沉浸式通信、极高可靠低时延通信、海量通信、泛在连接、AI 通信一体化、通信感知一体化，与 5G 的三大典型场景(eMBB、mMTC、uRLLC)相比有了明显的增强和扩展。

(1) 沉浸式通信场景。沉浸式通信场景是 5G 增强移动宽带(eMBB)场景的扩展，主要涵盖了为用户提供高速率音视频交互式体验的用例，如沉浸式 XR 等。沉浸式通信场景最主要的能力增强是提高频谱效率和一致性服务体验，其中，在各种环境中利用更高数据速率和增强移动性之间的平衡是至关重要的。

(2) 极高可靠低时延通信场景。极高可靠低时延通信场景是 5G 超高可靠低时延通信(uRLLC)场景的扩展，主要涵盖了对可靠性和时延有更高需求的用例，在这些用例中，如果不能满足对应的需求，则可能会造成非常严重的后果，如工业控制等。极高可靠低时延通信场景在提升可靠性和降低时延时，与具体用例、定位精度及连接密度等息息相关。

(3) 海量通信场景。海量通信场景是 5G 大规模机器通信(mMTC)场景的扩展，主要涵盖了包含大量设备或传感器连接的用例，如智慧城市、智慧交通、物流、能源、环境监测等。海量通信场景需要支持高连接密度，并且根据使用情况，对数据速率、功耗、移动性、覆盖范围以及安全性和可靠性也提出了不同的要求。

(4) 泛在连接场景。泛在连接场景作为 6G 新提出的场景，需要为目前通信网络无覆盖或几乎无覆盖地区提供无差别的连接服务，特别是农村、偏远和人烟稀少的区域，以弥合数字鸿沟。泛在连接主要涵盖了物联网和移动宽带通信，特别是基于卫星的物联网和移动宽带通信。

(5) AI 通信一体化场景。AI 通信一体化场景作为 6G 新提出的场景，主要支持分布式计算和人工智能驱动的各种应用，如辅助自动驾驶、数字孪生等。AI 通信一体化除了对通信的要求外，还包括将 AI 和计算集成到 6G 中的一些新功能，如数据收集和处理、人工智能模型的训练、分发和推理等。

(6) 通信感知一体化场景。通信感知一体化场景作为 6G 新提出的场景，主要涵盖了需要传感功能的新型应用，利用 6G 提供关于物体和连接设备的运动信息和周边环境信息，如活动检测、运动跟踪、环境监测等。通信感知一体化场景除了对通信的要求外，还需要高精度定位和传感相关能力的支持，包括距离/速度/角度估计、物体和存在检测、定位、成像和测绘等。

6.1.2　6G 系统性能指标

历史上每一次移动通信技术的更新换代，在关键性能指标上都会有十倍到百倍的提升，包括峰值速率、用户体验速率、时延、可靠性、移动性、连接密度等。6G 系统一方面需要满足某些特定场景下的极致需求，另一方面也要兼顾不同场景的多样化需求，保持可持续发展的道路。在 ITU-R 的 6G 建议书中，提出了十五个关键能力指标维度。表 6-1 给出了 5G 和 6G 部分关键性能指标的对比。

表 6-1　5G 和 6G 关键性能指标对比

关键性能指标	5G	6G	提升效果
峰值速率	10~20 Gbit/s	100~1000 Gbit/s	约 10~100 倍
用户体验速率	0.1~1 Gbit/s	20 Gbit/s	约 10~100 倍
连接密度	100 万个/km^2	10^7~10^8 个/km^2	10~100 倍
时延	1 ms	0.1 ms，近似实时处理海量数据时延	缩短为 1/10
移动性	> 500 km/h	> 1000 km/h	2 倍
定位能力	室外 10 m，室内 1 m	室外 1 m，室内 0.1 m	10 倍
区域业务容量	10 Tbit/(s · km^2)	100~10000 Tbit/(s · km^2)	10~1000 倍
频谱效率	100 bit/(s · Hz)	200~300 bit/(s · Hz)	2~3 倍
频谱支持能力	常用载波：100~400 MHz 载波聚合：200~800 MHz	常用载波：20 GHz 载波聚合：100 GHz	5~100 倍
系统能效	100 bit/J	200 bit/J	2 倍
可靠性	99.999%	99.99999%	100%

除了峰值速率、用户体验速率、频谱效率、区域业务容量、连接密度、移动性、时延、可靠性、安全/隐私/弹性这些移动通信网络基础能力指标，6G 作为新一代移动多维信息网络，在这些基础能力指标之上，还甄别和定义了以下六大新型指标：

(1) 覆盖能力。在 ITU 建议书及报告中的覆盖能力指的是单小区的覆盖范围，可以通过小区边缘到小区中心的距离来表征。单小区的覆盖能力一般与载波频段、发送功率等因素直接相关，直接影响网络部署方案与成本。此外，6G覆盖能力也体现在整个6G网络的服务范围，即6G能否最大化地连接用户，朝着全球全域无缝覆盖迈进。卫星、高空平台等空天网络设备的引入为实现无缝覆盖提供了可能，6G信息网络需要制定单星/单高空平台的覆盖能力，基于该能力确定整体星座的规划部署。

(2) 感知相关能力。感知相关能力主要是针对6G移动多维信息网络基于无线信号获得关于环境或特定物体特性的信息(如形状、大小、方向、速度、位置、距离等)的能力，需要用新的能力指标进行表征。

(3) AI相关能力。AI相关能力主要是针对6G移动多维信息网络内/外使能AI相关功能(分布式数据处理、分布式训练、AI模型传输、AI推理等)的能力，主要对端到端时延、体验数据速率和可靠性等提出要求。面向不同应用的AI功能使能对网络性能的要求差异较大，给6G网络带来较大挑战。

(4) 可持续性。达到可持续性发展需要整个6G网络设备在其生命周期内最大限度地减少温室气体的排放和其他对环境的影响。环境可持续性指标是个系统性指标，需要在6G设计、部署和运行中，尽可能地提高能源效率，最大限度地减少能源消耗和资源使用。

(5) 互操作性。互操作性是指系统内不同实体之间的可操作性，这种可操作性的实现需要在空口设计时考虑成员包容性和透明性。未来，除地面广域通信外，微域/短距通信、非地面通信等技术也都将是6G网络体系的一部分。当用户可以选择随时随地通过最合适的通信技术访问各种服务时，用户体验可以得到增强，在6G设计时可以通过不同通信技术之间的互联互通来为用户提供改进的连接体验，包括根据服务和运营目标提供无处不在和连续性服务的选项。

(6) 定位能力。随着5G的演进，对定位能力的需求越来越高。目前5G定位已满足车联网、公共安全和工业物联网(Industrial Internet of Things，IIoT)场景下的高精度定位需求。在6G中，定位的场景会进一步扩展，如自动驾驶、室内定位和导航、地下管道和线缆定位等，相应的，其定位能力也会进一步增强，如定位精度提升到10 cm以下，使得6G可以为依赖定位技术的业务提供更准确可靠的解决方案，赋能更多行业。

6.2　6G网络架构

6G网络将是具备泛在化、智能化、安全性、弹性、持续性等特点的移动多维信息网络。其中，泛在化是指提供全域泛在连接、泛在服务；智能化是指具备内生智能；安全性是指具备架构级的内生安全可信；弹性是指网络能按需定制、资源灵活部署；持续性是指绿色低碳。目前，6G还处于技术研究阶段，对6G网络架构和关键技术还没有一个统一标准。

2021年，中国6G研究组织IMT-2030(6G)推进组在6G发展大会上发布了《6G网络架构愿景与关键技术展望》白皮书，在组网生态方面提出"分布式自治网络"，并将卫星、高空、沉浸多感、确定性通信等子网集成在一起，融入智慧内生、安全内生和数字孪生网络，如图 6-1 所示。

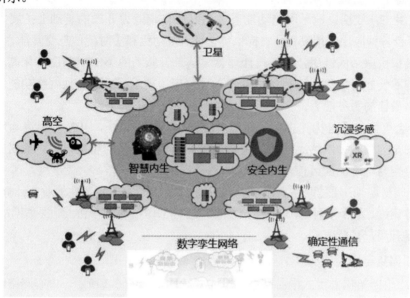

图 6-1　分布式自治的 6G 网络架构愿景

1. 6G 网络系统架构

6G 网络系统架构如图 6-2 所示，分为基础设施资源层、网络功能层、应用与开放层以及贯穿各层级的安全可信和管理与编排功能。

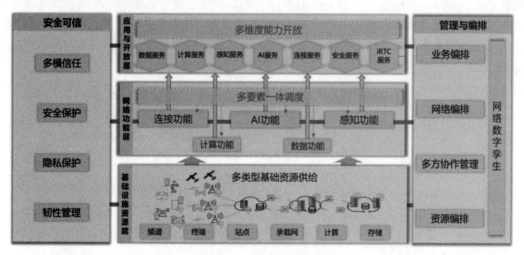

图 6-2　6G 网络系统架构

（1）基础设施资源层：提供计算、存储、网络和频谱等多类型的基础资源，涵盖空天地多种方式接入，端、管、网、云融合的服务设施。6G 将新增感知和计算能力，而 AI 能力将内生在端、管、网、云，提供泛在智能。

（2）网络功能层：除了提供基础的连接功能，6G 网络将增强优化现有控制面和用户面的网络功能，以满足 6G 新增业务在速率、带宽、时延、可靠性等关键指标上的提升需求，并有望新增或增强连接功能、AI功能、感知功能、数据功能、计算功能，以支撑AI、沉浸式应用、通感一体等新型业务需求。

(3) 应用与开放层：建于网络功能层之上，在传统能力开放的基础上扩展丰富内涵和外延，以聚合各种应用使能功能。它提供更灵活、自动化和实时的信息交互能力，通过API的服务化接口供应用侧调用。这一设计理念与基于云原生的6G网络服务化高度契合，作为一个关键的使能层，使6G网络能够深入理解应用需求，并与其他网络功能协同工作，为应用提供最佳的服务能力。

(4) 安全可信：通过构建多模信任的身份管理等基础设施，从技术上消除当前基础设施存在的安全问题，使网络系统内的主体之间都能实现身份的相互识别、数据交互、权益保障和价值交易等方面的可信交互。

(5) 管理与编排：通过网络AI管理和编排技术对多样性、复杂性的业务计算进行统一、动态的编排调度，基于多种QoS管控粒度进行任务工作链的编排协同，提高网络/计算的执行效率，提升用户体验。

2. 6G网络组网架构

6G网络组网架构需引入中心网络和分布式子网，如图6-3所示。中心网络将满足广域覆盖需求以及普适新业务需求，如智能、感知等。分布式子网主要满足各个场景下的包括连接、智能、感知等特定需求，如面向企业(2B)的本地化接入及定制化子网，卫星发射入轨以及个人业务的个性化子网等。6G网络组网架构通过灵活、按需、智能的组网设计构成，呈现了各个网络之间的连接关系和组网形态。中心网络功能相对完备，分布式子网遵循至简设计原则。基于无线接入与核心网的协作、中心子网与分布式子网的互联，通过高低频协作接入及空天地海融合接入组网，实现6G网络从二维向全空间三维覆盖演进，满足6G泛在连接场景需求，为6G提供适配各种行业生态圈的绿色可持续的泛在接入和共建共享基础设施。

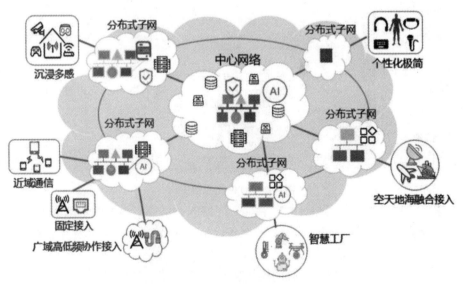

图6-3　6G网络组网架构

6.3　6G 关键技术

为满足未来 6G 网络的性能需求，需要引入新的物理层关键技术。目前讨论较多的技术方向主要包括太赫兹技术、智能超表面技术、智能全息无线电技术、超大规模 MIMO 技术、通信感知一体化等。这些技术将共同推动 6G 网络的发展，实现更高效、更智能、更安全的通信体验。

1. 太赫兹技术

太赫兹指 0.1～10 THz 的电磁波频段，频率比 5G 更高，包括毫米波、亚毫米波至远红外波等波段。国际 5G 主流频段是 3～6 GHz 的毫米波频段，低频段的毫米波已经实现工程化并逐渐商业化，频率更高的光通信也经历了数十年的发展。但是在毫米波、微波等电学频段与红外光、可见光等光学频段之间，还有一段未被有效利用的频段，即太赫兹频段。

太赫兹在通信领域中具有突出的优势。与毫米波相比，太赫兹在带宽方面比毫米波更具优势，理论上是 5G 的 10～100 倍，无线传输数据率可以远超 100 Gbit/s。与光通信相比，太赫兹波受环境光源的干扰小，传输的可靠性与有效性更高，允许非视距传输，在霾、粉尘、紊流等一系列恶劣环境因素影响下仍具有良好表现。此外，太赫兹信号的链路方向性更高，被窃听的风险更低，安全性也更高。太赫兹技术在 6G 发展中具有良好的应用前景。

2. 智能超表面技术

智能超表面技术指利用人为编码控制对电磁波信号进行智能调控的一种技术。通过调节电磁波的振幅和波长等信号输入，创造出可控的电磁场，从而提供现实物质世界与数字世界之间的通道。该技术通过调控无线信号传播，打破无线信道不可控特性，进行三维空间中信号传播方向的调控和干扰抑制，提升信号的强度和质量。

智能超表面技术具有高性能、高效率、易推广等特点，适用于扩展覆盖范围、抑制电磁干扰、提升传输自由度、解决无线通信中的覆盖空洞问题、支持大规模连接、实现高精度定位感知等典型应用。智能超表面技术还能与多种技术融合，具有极大的应用潜力，是实现未来通信感知一体化的关键技术；支持创建智能化的无线环境，引领新一代网络技术更新，以快速适应不断增长的移动通信需求。

3. 智能全息无线电技术

智能全息无线电技术在 6G 关键技术布局中也是一个重要方面，该技术基于电磁波的全息干涉原理，对电磁空间进行动态重构和实时准确控制，实现射频全息到光学全息的映射。

智能全息无线电技术可应用于多个领域。在无线接入方面，智能全息无线电技术能够实现比传统技术更高的容量和更低的时延，例如，在高速列车、机场等场景中提供稳定可靠的高速无线网络服务；在智能工厂条件下，其支持具有极大流量密度的无线工业通信系统，为工厂的自动化生产提供更加高效、智能的解决方案；在物联网领域，其可为物联网终端设备提供精确导航定位、无线远距离快充等服务，为智慧城市建设提供有力支持。智能全息无线电技术还可以通过无线通信特性实现可视成像和环境感知，准确构建多变的通信环境，为电磁空间智能控制提供支持；基于微波光子天线阵列的相干光上变频，可实现信号的超高相干性和高并行性，有利于信号直接在光域进行处理和计算，解决相关系统的功耗和时延问题。智能全息无线电技术作为 6G 物理层备选技术，将是 6G 标准制定的关键内容之一。

4. 超大规模 MIMO 技术

超大规模 MIMO 技术通过增加天线数量、优化接收机算法来提高系统容量和频谱效率。得益于芯片和天线集成度的升级，大规模天线阵列的应用更为深入。引入新的材料、技术和功能后，超大规模 MIMO 技术可以利用更丰富的频段资源，实现更高效的频谱利用、更高的定位精度与能量效率、更全面灵活的网络覆盖范围及模式。

超大规模 MIMO 具备波束调整的能力，可提供地面覆盖和非地面覆盖。未来超大规模 MIMO 将与环境更好地融合，从而实现网络覆盖、多用户容量等指标的大幅提高。分布式超大规模 MIMO 有利于构造超大规模的天线阵列，网络架构趋近于无定形网络，有利于获得均匀一致的用户体验、更高的频谱效率、更低的系统传输能耗。超大规模 MIMO 阵列具有极高的空间分辨力，能在复杂的无线通信环境中实现精准的三维定位。该技术的超高处理增益能有效补偿高频段的路径损耗，在原有发射功率的条件下提升高频段的通信距离和覆盖范围。引入人工智能后，可在信道探测、波束管理、用户检测等多个环节实现智能化。超大规模 MIMO 阵列将成倍提高 6G 频谱效率，显著增强 6G 的空间分辨能力。

5. 通信感知一体化

在实际信息处理过程中，同步实现感知和通信功能的通信技术被称为通信感知一体化技术，通过软硬件资源或信息共享实现协同工作，该技术可有效提升硬件效率、信息处理效率、系统频谱效率。通信感知一体化技术的设计理念就是将无线通信和感知功能在同一系统中实现并融合共生。通信系统借助硬件或信号处理部分来执行各种感知服务，感知结果协助通信的连接和控制以增强通信效能和服务质量。

在未来的 6G 网络中，通信和感知功能将使无线系统具有感知物理世界的能力，利用感应器传输的通信信号实现感知功能，如目标的检测、定位、识别、成像等。无线系统通过感知功能可以获取周边环境信息、高效分配通信资源、大幅提高通信效率，从而优化用户终端使用场景并提升用户体验。使用更高频段的频谱(如毫米波、太赫兹波)将进一步增强无线系统的周围环境信息获取能力，提高系统性能并创造更多应用。

6.4　技能训练——天地一体化虚拟仿真

未来的 6G 网络一方面将实现网络能力拓展，即从单一的通信连接能力，拓展到通信、感知、计算、数据、智能、安全等多维的能力；另一方面将向边缘网络空间和空天地海不断延伸，满足对天基、空基、陆基等多种接入方式，固定、移动、卫星等多种连接类型的接入需求，实现空、天、地、海一体化无缝覆盖，向全域万物智联的方向迈进。

1. 实训内容

(1) 学习天基、空基、海基、陆基的相关知识;

(2) 完成陆基系统的搭建和运行。

2. 实训软件

天地一体化虚拟仿真软件的登录地址为 http://61.182.224.99:9990/KTDH666/，其登录界面如图 6-4 所示。

图 6-4　天地一体化虚拟仿真软件登录界面

3. 实训步骤

(1) 登录仿真软件，分别进入天基、空基、海基、陆基应用场景，了解其运行模式，完成相关练习题的作答，其中，海基应用场景的界面如图 6-5 所示。

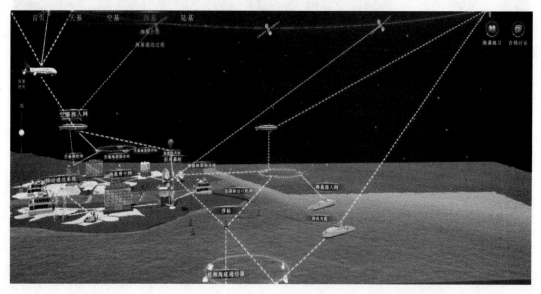

图 6-5　海基应用场景界面

(2) 进入陆基应用场景，根据系统提示完成陆基系统设备的安装和配置，其界面如图

6-6 所示，陆基系统设备安装配置完成后的界面如图 6-7 所示。

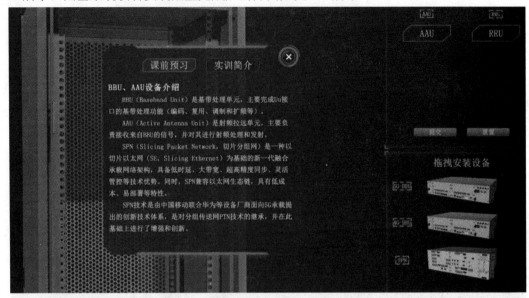

图 6-6　陆基系统设备的安装和配置界面

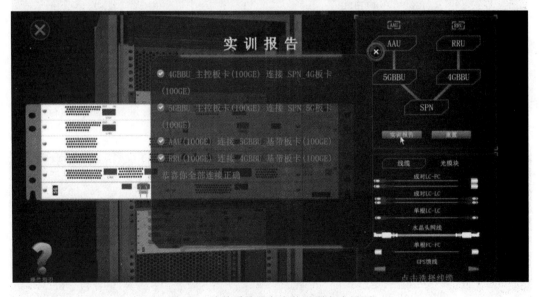

图 6-7　陆基系统设备安装配置完成界面

思 考 与 练 习

1. 填空题

(1) 6G 的六大应用场景分别为_____、_____、_____、_____、AI 通信一体化、通信感知一体化。

(2) 沉浸式通信场景是 5G_____场景的扩展。

(3) 6G 网络架构设计将向_____和_____不断延伸，实现空、天、地、海一体化通信。

(4) 在 6G 网络的主要性能参数中，用户体验速率可达到_____Gbit/s，峰值速率可达_____Tbit/s。

(5) _____技术是 6G 中用于提升频谱效率和网络容量的关键技术之一。

2. 单项选择题

(1) 6G 提出的新场景包括(　　)。

A. 海量通信　　　　　　　　　　　　B. 泛在连接

C. AI 通信一体化　　　　　　　　　　D. 沉浸式通信

(2) 6G 太赫兹波的频率范围为(　　)。

A. 0.1～1 THz　　　　　　　　　　　B. 0.1～100 THz

C. 1～10 THz　　　　　　　　　　　D. 0.1～10 THz

(3) 下列哪一项不是 6G 网络架构设计的特点(　　)。

A. 多功能内生协同融合　　　　　　　B. 仅支持传统终端用户

C. 提供多元化和差异化服务　　　　　D. 网络从连接管道转向平台服务

(4) 下列哪个场景不是 6G 的潜在应用场景(　　)。

A. 人体数字孪生　　　　　　　　　　B. 空中高速上网

C. 智能家居控制(非特指 6G 独有)　　D. 全域应急通信

3. 简答题

(1) 简述 6G 系统的主要性能指标。

(2) 解释什么是通信感知一体化，并说明其意义。

附录　书中缩略语释义

缩略语	英文全称	中文全称	注　释
A			
AAC	Advanced Audio Coding	高级音频编码	一种音频压缩标准，比 MP3 提供更高的音频质量，常用于广播、音乐流媒体和视频文件中
AAU	Active Antenna Unit	有源天线单元	一种结合了天线和射频放大器的设备，能够提高基站的覆盖范围和容量
ACK	Acknowledgement	确认信号	用于无线通信中，接收方确认已成功接收到数据包的信号
AF	Application Function	应用功能	在通信网络中指负责执行特定服务或功能的模块或组件
AI	Artificial Intelligence	人工智能	使计算机能够执行类似人类智能的任务，如学习、推理和决策
AR	Augmented Reality	增强现实	通过技术将虚拟信息叠加到现实世界上，提供增强的用户体验
ATM	Asynchronous Transfer Mode	异步传输模式	一种基于单元传输的网络协议，主要用于高速广域网中，提供稳定的质量服务
AMF	Access and Mobility Management Function	接入和移动性管理功能	在 5G 网络中，AMF 负责用户设备的接入管理、会话管理和移动性管理
AUC	Authentication Center	鉴权中心	负责验证用户身份和授权的网络组件，确保用户数据的安全性
AUSF	Authentication Server Function	认证服务器功能	在 5G 网络中，AUSF 是用于进行用户身份认证的功能单元
API	Application Programming Interface	应用程序接口	一组规定了不同软件组件如何交互的规则，允许不同系统之间的数据交换与功能调用
APK	Amplitude Phase Shift Keying	振幅相位联合键控	一种在通信中使用的调制方式，结合了振幅调制和相位调制
ARIB	Association of Radio Industries and Businesses	无线电产业与商业协会	日本的无线电技术标准化组织，负责制定无线通信相关的技术标准
ARQ	Automatic Repeat Request	自动请求重发	一种可靠的数据传输协议，当接收方未收到正确的数据时，自动请求重新发送数据
AM	Acknowledged Mode	确认模式	在无线通信中，指发送方需要等待接收方确认信号后才继续传输数据的模式

缩略语	英文全称	中文全称	注　　释
AM	Amplitude Modulation	调幅	一种调制技术，通过改变信号的振幅来传输信息，常用于无线电广播
AMC	Adaptive Modulation and Coding	自适应调制和编码	根据无线信道的变化动态调整调制方式和编码策略，提高传输效率和可靠性
AMPS	Advanced Mobile Phone System	高级移动电话系统	早期的模拟移动通信系统，主要应用于美国，已被数字通信标准替代
AMR	Adaptive Multi Rate	自适应多速率	一种语音编码技术，根据信号质量和网络条件动态调整语音压缩速率
AMR-NB	AMR-Narrow Band	窄带 AMR	AMR 技术的一个版本，优化了低比特率语音传输，适用于语音通话
AMR-WB	AMR-Wide Band	宽带 AMR	AMR 技术的一个版本，支持更高音频质量的语音通话，特别适用于宽带语音通信
ANSI-41	American National Standards Institute-41	美国国家标准学会 41 号标准	用于无线通信中移动用户管理的标准，特别用于移动电话的漫游和服务管理
ASK	Amplitude Shift Keying	振幅移位键控	一种调制方式，通过改变信号的振幅来传输数字信息
AVC	Advanced Video Coding	先进视频编码	一种视频编码标准，广泛应用于视频压缩领域，比 H.264 压缩效率更高
B			
BABT	British Approvals Board for Telecommunications	英国电信认证委员会	提供电信设备认证的机构，负责批准电信设备符合国际标准
BBU	Building Baseband Unit	室内基带处理单元	无线基站的一部分，负责基带信号的处理和转换，通常部署在基站内
B-DMC	Binary Discrete Memoryless Channel	二元输入离散无记忆	一种假设模型，用于描述在不考虑信号间干扰的情况下传输的数据
BDPSK	Binary Differential Phase Shift Keying	二进制差分相移键控	一种调制方式，通过差分相位的变化来传输二进制信息
BF	Beam Forming	波束赋形	一种无线信号处理技术，通过调整天线的发射方向来增强信号的接收质量
Bluetooth	Bluetooth	蓝牙	一种短距离无线通信技术，用于设备间的数据交换，如耳机、智能手表等
BSC	Base Station Controller	基站控制器	在无线通信系统中，负责管理基站资源、用户连接以及无线接入
BSS	Base Station Subsystem	基站子系统	GSM 网络中的一部分，负责基站的控制和管理，连接移动设备和核心网
BTS	Base Transceiver Station	基站收发信台	基站中负责无线信号传输和接收的设备，为用户设备提供无线接入服务

续表二

缩略语	英文全称	中文全称	注　释
C			
CA	Carrier Aggregation	载波聚合	5G 和 LTE 技术中的一种技术，通过将多个频段的信号聚合在一起，提升数据传输速率和网络容量
CC	Country Code	国家码	用于区分国际电话中不同国家的数字标识，通常与地区码一起使用
CCIR	International Radio Consultative Committee	国际无线电咨询委员会	ITU 的一个委员会，负责制定无线电频谱分配等标准
CCITT	Consultative Committee on International Telecommunications and Telegraph	国际电报电话咨询委员会	ITU 的前身之一，负责国际电信标准化工作
CCSA	China Communications Standards Association	中国通信标准化协会	负责制定和推广中国通信行业标准的组织，涵盖各类通信技术
CD	Check Digit	验证码	一种数字编码技术，用于确认号码、条形码或其他数据的正确性
CDMA	Code Division Multiple Access	码分多址	一种无线通信技术，通过分配不同的编码来区分多个用户同时使用相同频段的信号
CDN	Content Delivery Network	内容分发网络	通过多个分布式服务器将内容传输到离用户更近的地方，提高数据传输速度和质量
CELP	Code Excited Linear Prediction	码激励线性预测	一种语音编码算法，广泛用于低比特率的语音编码，能有效压缩语音数据
CN	Core Network	核心网	电信网络中负责数据路由、交换、控制的核心部分，负责与外部网络连接
CoMP	Coordinated Multi-Point	多点协作	一种通过多个基站共同协作来提高无线传输质量和容量的技术，常见于 LTE 和 5G 网络中
CP	Cyclic Prefix	循环前缀	用于 OFDM 中的技术，通过在每个符号前添加冗余的周期性前缀来减少符号间干扰
CPRI	Common Public Radio Interface	通用公共无线电接口	用于连接基站的 RRU 和 BBU 的标准接口，确保无线通信的高效运行
CR	Cognitive Radio	认知无线电	一种智能无线电技术，能够感知和自适应调整无线信道，从而提高频谱利用率
CRC	Cyclic Redundancy Check	循环冗余校验	一种用于检测传输错误的检验技术，广泛应用于网络数据传输中
CS	Circuit Switching	电路交换	一种传统的通信方式，数据传输时需要建立一个持续的物理连接，常见于早期的电话系统

续表三

缩略语	英文全称	中文全称	注　　释
CSFB	Circuit Switched Fallback	电路交换回退	在 4G LTE 网络中，当语音服务不可用时，网络会回退到 2G 或 3G 的电路交换语音服务
CTIA	Cellular Telecommunications Industry Association	移动通信产业协会	美国的一个主要无线通信行业协会，负责制定无线通信行业的技术标准和政策
CU	Centralized Unit	集中单元	5G 架构中负责进行核心网和接入网功能的集中管理和处理的单元
CWTS	China Wireless Telecommunication Standards	中国无线通信标准	负责制定无线通信领域相关标准的中国组织
D			
3D	Three Dimensional	三维	通常用于表示三维图形或三维显示技术，在通信领域多用于增强现实（AR）、虚拟现实（VR）和三维视频技术中
DC	Dual Connectivity	双连接	5G 和 LTE 网络中的一种技术，允许用户同时连接到多个基站，从而提高数据速率和网络可靠性
DCDU	Direct Current Distribution Unit	直流配电单元	负责为通信设备提供直流电源的配电单元，通常用于基站和数据中心
DU	Distributed Unit	分布单元	5G 网络架构中负责处理无线接入网功能的分布式设备，通常部署在离用户较近的地方
DwPTS	Downlink Pilot Time Slot	下行导频时隙	在 LTE TDD 系统中，用于下行链路的专用时隙，帮助用户设备同步和信号质量估计
E			
ECGI	E-UTRAN Cell Global Identifier	E-UTRAN 小区全球识别码	LTE 网络中用来唯一标识每个小区的标识符
EDGE	Enhanced Data rates for GSM Evolution	GSM 演进的增强型数据速率	是 GSM 网络的一个升级版本，提供更高的数据传输速率和增强的网络性能
EIR	Equipment Identity Register	设备识别寄存器	存储设备信息(如 IMEI)的数据库，用于验证设备合法性及防止欺诈
eMBB	enhanced Mobile BroadBand	增强移动宽带	5G 的主要应用场景之一,提供超高速的移动数据服务，支持高清视频、虚拟现实等应用
eNodeB	Evolved NodeB	演进型基站	LTE 网络中的基站设备，负责无线接入和数据传输
EPC	Evolved Packet Corenetwork	演进型分组核心网	LTE 的核心网络部分，负责数据包的交换、路由和管理

缩略语	英文全称	中文全称	注　释
EPS	Evolved Packet System	演进的分组系统	指 LTE 系统中的整体架构,包括 EPC 和 LTE 接入网络
EPU	Embedded Power Unit	嵌入式电源单元	通常用于无线通信设备中的电源模块,提供稳定的电力供应
ETSI	European Telecommunications Standards Institute	欧洲电信标准化协会	负责制定欧洲范围内的电信技术标准,并推动全球电信行业的协调发展
ETWS	Earthquake and Tsunami Warning System	地震和海啸预警系统	用于通过无线通信网络向用户提供地震或海啸预警的系统
E-UTRAN	Evolved Universal Terrestrial Radio Access Network	演进型通用陆地无线电接入网	LTE 的无线接入网部分,负责提供无线接入服务
EVS	Enhanced Voice Service	增强型语音服务	5G 网络中的语音服务,提供更高质量的语音通信体验
F			
FAC	Final Assembly Code	最终装配地代码	用于标识设备或系统最终装配地的代码,常用于产品追踪和管理
FDD	Frequency Division Duplex	频分双工	一种双工方式,使用不同频率分别进行上行和下行通信
FDMA	Frequency Division Multiple Access	频分多址	一种无线通信接入技术,允许多个用户在不同的频率上同时传输数据
FEC	Forward Error Correction	前向纠错	一种通过在发送数据中添加冗余信息来检测和纠正接收端错误的技术,广泛用于通信系统中
FFT	Fast Fourier Transform	快速傅里叶变换	一种数学变换,常用于信号处理领域,特别是在无线通信中用于调制解调的频域分析
FM	Frequency Modulation	调频	一种调制方式,通过改变信号的频率来传输信息,常用于无线电广播
FQDN	Fully Qualified Domain Name	完全限定域名	在互联网中,指能够唯一标识一个主机地址的域名系统(DNS)名称
FR4	Flame Retardant 4	阻燃等级 4	一种电路板材料的标准,具有较高的阻燃性能,常用于通信设备的电路板中
FSK	Frequency Shift Keying	频移键控	一种数字调制技术,通过在不同的频率上发送数据来代表二进制数据
G			
5GC	5G Core Network	5G 核心网	5G 网络中的核心部分,负责控制、管理数据流量及与外部网络的连接,支持更高效的数据传输

缩略语	英文全称	中文全称	注　释
GEO	Geostationary Earth Orbit	静止轨道	一种卫星轨道,使得卫星相对于地球表面固定在一个点,常用于通信卫星
GGSN	Gateway GPRS Support Node	GPRS 网关支持结点	GSM 和 GPRS 网络中的核心设备,负责将数据从无线网络转换到互联网或其他数据网络
GMSK	Gaussian Minimum Shift Keying	高斯最小频移键控	一种调制方式,常用于 GSM 网络中,通过调整频率的最小变化来传输数据
gNB	next Generation NodeB	下一代基站	5G 网络中的基站设备,负责无线接入和数据传输功能,与 eNB 类似,但支持更高的速率和更复杂的功能
GP	Guard Period	保护间隔	在通信中,为防止符号之间的干扰而留出的时间间隔,常用于 OFDM 系统中
3GPP	3rd Generation Partnership Project	第三代合作伙伴计划	一个国际标准化组织,负责制定 3G、4G、5G 通信技术的标准
3GPP2	3rd Generation Partnership Project 2	第三代合作伙伴计划 2	另一个标准化组织,专注于 CDMA 技术的发展和标准化,主要应用于美国和亚洲地区
GPRS	General Packet Radio Service	通用分组无线业务	2G 网络的升级版本,提供数据传输服务,支持上网、电子邮件等应用
GPS	Global Positioning System	全球定位系统	通过卫星信号提供的定位系统,用于准确获取设备的地理位置,广泛应用于导航和定位服务中
GSA	Global mobile Suppliers Association	全球移动供应商协会	一个全球性的组织,致力于促进移动通信技术和产业的发展,特别是在运营商和设备供应商之间的合作
GSM	Global System for Mobile Communications	全球移动通信系统	2G 移动通信标准,广泛应用于语音和短信通信,后续被 3G 和 4G 技术所替代
GSMA	GSM Association	GSM 协会	代表全球移动通信产业的组织,推动全球通信标准和技术的协作
H			
HARQ	Hybrid Automatic Repeat Request	混合自动请求重传	一种错误控制技术,结合了前向纠错和重传机制,提高数据传输的可靠性
HEC	Hybrid Error Correction	混合纠错	一种结合了前向纠错和重传机制的错误控制方案,广泛用于无线通信中
HEVC	High Efficiency Video Coding	高效视频编码	一种视频压缩标准,比 H.264 具有更高的视频压缩效率,常用于 4K 及更高分辨率的视频传输
HLR	Home Location Register	归属位置寄存器	存储移动设备订阅信息的数据库,负责用户身份验证和移动性管理,广泛应用于 GSM 和 UMTS 网络

续表六

缩略语	英文全称	中文全称	注　释
HSPA	High-Speed Packet Access	高速分组接入	在 3G 网络中提供更快数据传输速率的技术，包括 HSDPA 和 HSUPA 两种技术
HSS	Home Subscriber Server	归属用户服务器	4G 网络中的一个数据库，存储用户订阅信息，负责管理用户的认证、授权和计费等功能
I			
IAB	Integrated Access and Backhaul	集成接入与回传	5G 网络中的一种架构，结合了接入和回传功能，简化了网络结构并提高了网络效率
ICI	Inter-Carrier Interference	子载波干扰	指在多载波系统中，由于信号在多个载波上传输，载波之间可能会发生相互干扰，从而导致性能下降的一种现象
ICN	Information Centric Networking	信息中心网络	一种网络架构模型，侧重于通过内容而非位置来实现数据的传输和存储，优化了信息获取与交互
ICT	Information and Communication Technology	信息通信技术	综合了信息技术和通信技术，涉及计算机、互联网及其相关基础设施的所有技术
IEC	International Electrotechnical Commission	国际电工委员会	国际组织，负责制定全球范围内的各类技术和通信标准
IEEE	Institute of Electrical and Electronics Engineers	电气和电子工程师学会	一个全球性的专业组织，负责制定电气工程和通信技术领域的标准
IFFT	Inverse Fast Fourier Transform	快速傅里叶反变换	用于信号处理中的一种数学变换，常见于无线通信系统中，特别是在 OFDM 技术中
IFRB	International Frequency Registration Board	国际频率登记委员会	负责国际频率资源管理和分配的机构，确保不同国家之间的频率资源合理使用
IIoT	Industrial Internet of Things	工业物联网	物联网的一个子集，专注于工业环境中设备的互联互通，旨在提高生产效率和自动化水平
IMEI	International Mobile Equipment Identity	国际移动设备识别码	唯一标识移动设备的编号，用于识别设备并防止被盗或欺诈
IMS	IP Multimedia Subsystem	IP 多媒体子系统	通过 IP 网络提供语音、视频和消息等多种多媒体服务的架构，广泛应用于现代通信系统中
IMSI	International Mobile Subscriber Identity	国际移动用户识别码	唯一标识移动用户的身份信息，在 GSM 和 UMTS 等网络中使用
IoT	Internet of Things	物联网	将各种设备通过互联网连接起来，实现设备之间的智能通信和自动化控制

续表七

缩略语	英文全称	中文全称	注 释
IP RAN	IP Radio Access Network	基于 IP 的无线接入网	采用 IP 协议的无线接入网架构，支持 5G、4G 等无线通信标准，提供高效、灵活的接入服务
IR	Incremental Redundancy	增量冗余	在无线通信中用于纠错的一种技术，通过逐步增加冗余数据来提高解码成功的概率
ISI	Inter Symbol Interference	符号间干扰	在通信系统中，由于信号传播的多径效应，导致相邻信号相互干扰的现象
ISDN	Integrated Services Digital Network	综合业务数字网	一种提供语音、数据和视频等多种服务的数字通信网络标准，广泛应用于电话和计算机网络中
ISO	International Organization for Standardization	国际标准化组织	国际组织，负责制定全球范围内的各类技术和通信标准
ITU	International Telecommunication Union	国际电信联盟	联合国下属的专门机构，负责全球电信领域的标准化和政策协调
J			
JPEG	Joint Photographic Experts Group	联合图像专家组	一种广泛使用的图像压缩标准，常用于数码图片和网页中的图像压缩
L			
LAI	Location Area Identity	位置区标识	在移动通信系统中，标识一个位置区的唯一标识符，用于用户位置管理
LCAS	Link Capacity Adjustment Scheme	链路容量调整机制	用于动态调整传输链路容量的技术，常用于光纤通信或其他网络传输中，以优化带宽利用率
LDPC	Low-Density Parity-Check	低密度奇偶校验	一种高效的错误检测和纠正编码技术，广泛用于通信系统中，尤其在 5G 中被采用
LM	Location Management	位置管理	在移动通信系统中，管理用户设备位置和移动状态的过程，以支持呼叫路由、漫游等服务
LPC	Linear Predictive Coding	线性预测编码	一种语音信号编码方法，广泛用于低比特率语音压缩，如 AMR 编码
LTE	Long Term Evolution	长期演进	4G 移动通信标准，支持高速数据传输，并为 5G 的演进提供技术基础
LTE-A	LTE-Advanced	LTE-高级	LTE 的增强版本，提供更高的数据传输速率和网络容量，包括载波聚合等技术
LU	Location Update	位置更新	用户设备在移动过程中向网络报告其新位置的过程，用于位置管理

续表八

缩略语	英文全称	中文全称	注　释
M			
MAC	Medium Access Control	媒体接入控制	负责协调数据如何访问共享传输媒介的协议，通常用于无线通信和局域网中
MANO	Management and Network Orchestration	管理与编排	在 5G 网络中，指对网络功能和资源进行自动化管理、协调和优化的架构
Massive MIMO	Massive Multiple-Input Multiple-Output	大规模输入输出	5G 中的一种技术，通过大量天线增加无线网络容量和覆盖范围，是提高数据传输速率的关键技术之一
MBMS	Multimedia Broadcast Multicast Service	多媒体广播和组播业务	一种在移动网络中提供视频、音频及其他内容广播和组播的技术，通常用于广播电视、实时视频等服务
MCC	Mobile Country Code	移动国家码	用于国际移动通信中标识一个国家或地区的唯一数字代码
MCS	Modulation and Coding Scheme	调制和编码策略	在无线通信中，指根据信道质量选择合适的调制和编码方式，以优化数据传输效率
MEC	Mobile Edge Computing	移动边缘计算	将计算和存储资源移至离用户更近的网络边缘，以减少延迟并提升应用性能，广泛应用于 5G 网络中
ML	Machine Learning	机器学习	一种人工智能方法，通过训练算法从数据中自动学习模式和规律，广泛应用于数据分析、图像识别等领域
MME	Mobility Management Entity	移动性管理实体	LTE 网络中的重要网络单元，负责管理设备的接入、认证、移动性和会话管理
mMTC	massive Machine-Type Communications	海量机器类通信	5G 网络的应用场景之一，专门用于支持大量低功耗设备的连接，如智能传感器、智能家居等
MNC	Mobile Network Code	移动网络码	用于标识一个特定国家或地区内的移动网络运营商的唯一数字代码
MOS	Mean Opinion Score	平均主观评分	一种衡量语音通话质量的方法，通常以用户的平均主观评分来表示
MPEG	Moving Picture Experts Group	动态图像专家组	一个国际标准化组织，制定了多种视频和音频压缩标准，如 MPEG-2 和 MPEG-4
MPLS	Multi Protocol Label Switching	多协议标签交换	一种数据传输技术，用标签标识数据流，提升路由效率，广泛用于现代通信网络中
MPLPC	Multi-Pulse Linear Predictive Coding	多脉冲激励线性预测编码	一种用于语音编码的技术，通过多次脉冲激励信号预测和重建语音信号

缩略语	英文全称	中文全称	注　释
MPSK	Multiple Phase Shift Keying	多进制相移键控	一种数字调制方式，通过多个不同的相位来传输数据，常用于高效的数据通信
MQAM	Multiple Quadrature Amplitude Modulation	多重正交振幅调制	一种调制方式，通过不同的振幅和相位组合来传输多个比特数据，提高频谱效率
MSC	Mobile Switching Center	移动交换中心	电信网络中的核心设备，负责语音和数据的路由与交换
MSK	Minimum Shift Keying	最小频移键控	一种频移键控调制方式，通过频率的最小变化来表示二进制数据，具有较好的频谱效率
MSIN	Mobile Subscriber Identity Number	移动用户识别码	唯一标识移动用户的号码，存储在 SIM 卡中
MSISDN	Mobile Subscriber ISDN Number	移动台国际用户号码	用于标识移动用户的完整电话号码，包括国家码、地区码及用户号码
MSRN	Mobile Station Roaming Number	漫游号码	用户在漫游过程中临时分配的号码，用于转接到用户的实际电话号码
MSTP	Multi-Service Transport Platform	多业务传送平台	一种网络架构，支持多种服务的集成传输，如语音、数据和视频服务等
MUSA	Multi-User Shared Access	多用户共享接入	5G 无线接入技术之一，支持多个用户共享同一资源，提高频谱效率
N			
NACK	Negative Acknowledgement	否定应答	用于数据通信中，表示接收方未成功接收到数据，要求发送方重新传输数据
NAS	Non-Access Stratum	非接入层	在移动网络中，指的是控制信令层，处理用户管理、认证、移动性管理等，区别于接入层
NDC	National Destination Code	国内目的地码	在电话通信中，用于指示一个特定国家内的地区或网络的代码
NE	Network Element	网络元素	电信网络中的基本组成部分，包括硬件设备和功能模块
NEF	Network Exposure Function	网络开放功能	5G 核心网中的功能模块，负责向第三方应用提供网络功能接口，支持开放平台的应用接入
NF	Network Function	网络功能	通信网络中的各种功能模块，支持网络的运行、管理和服务提供
NFV	Network Function Virtual	网络功能虚拟化	一种通过虚拟化技术在通用硬件上部署网络功能的技术，使得网络更灵活、可扩展
NGFI	Next-Generation Fronthaul Interface	下一代前传接口	用于连接基站和核心网的接口，支持 5G 网络更高的数据速率和低延迟
NMT	Nordic Mobile Telephone	北欧移动电话	一种早期的移动电话系统，主要用于北欧国家，后来被 GSM 所替代

续表十

缩略语	英文全称	中文全称	注　释
NOMA	Non-Orthogonal Multiple Access	非正交多址	5G 中的一种多址技术，允许多个用户在相同的时间和频率资源上进行通信，提高频谱效率
NR	New Radio	新无线/新空口	5G 网络中新引入的无线接入技术，提供更高的速率、更低的延迟和更高的连接密度
NRF	Network Repository Function	网络存储功能	5G 网络中用于存储和管理网络功能信息的组件，是服务架构的关键部分
NSSF	Network Slice Selection Function	网络切片选择功能	5G 网络中的功能模块，负责为不同的业务需求选择合适的网络切片
NTT	Nippon Telegraph and Telephone	日本电信电话公司	日本的主要电信公司，负责运营日本国内的电信和网络服务
O			
OAM	Operation Administration and Maintenance	操作维护管理	通信网络中的管理层，负责确保网络的稳定运行和有效配置，包括故障管理、性能监控等
ODU	Optical Data Unit	光数据单元	光网络中传输的最小数据单元，通常用于光纤传输系统中的数据封装
OFDM	Orthogonal Frequency Division Multiplexing	正交频分复用	一种高效的多路复用技术，通过多个子载波并行传输数据，减少符号间干扰，广泛应用于4G 和 5G 网络
OFDMA	Orthogonal Frequency Division Multiple Access	正交频分多址	OFDM 的多址版本，支持多个用户在同一时间和频率资源上进行并发通信
OTN	Optical Transport Network	光传送网	一种用于长距离传输的光纤通信网络架构，支持高带宽和低延迟的通信
P			
PAPR	Peak-to-Average Power Ratio	峰均比	在信号传输中，衡量信号峰值功率与平均功率之比的指标，较高的 PAPR 会影响系统效率
PCI	Physical Cell Identity	物理小区 ID	LTE 网络中每个基站的唯一标识符，帮助用户设备在接入时区分不同的小区
PCF	Policy Control Function	策略控制功能	在移动网络中，负责根据网络状态、用户订阅等信息来控制流量、优先级等策略
PCG	Project Coordination Group	项目合作部	一个团队或组织，负责在项目中协调各个部门、人员和资源的管理工作
PCM	Pulse Code Modulation	脉冲编码调制	一种模拟信号数字化的技术，通过量化模拟信号的幅度并编码成数字信号，广泛用于音频信号处理

续表十一

缩略语	英文全称	中文全称	注　释
PCRF	Policy and Charging Rule Function	策略与计费规则功能单元	控制流量、带宽、优先级等策略的功能组件，同时决定计费规则，确保公平有效的资源分配
PDCP	Packet Data Convergence Protocol	分组数据汇聚协议	主要在 LTE 中用于数据的压缩、加密、去重等处理，提供可靠的数据传输
PDMA	Pattern Division Multiple Access	图样分割多址	一种新型的非正交多址接入方式，通过非正交特征图样区分用户
PDSCH	Physical Downlink Shared Channel	物理下行共享信道	LTE 系统中用于数据传输的共享下行信道，负责向用户设备发送数据
PDU	Protocol Data Unit	协议数据单元	网络通信中的数据单元，通常包括头部和数据体，传输数据时遵循一定的协议规则
PFD	Packet Flow Description	数据包流量描述	在网络中，用于描述数据流的方式，确保数据按照指定的规则进行处理和转发
PGW	Packet Data Network Gateway	分组数据网关	在 4G 网络中，负责将数据包在用户设备和外部网络之间进行转发的网关设备
PLMN	Public Land Mobile Network	公共陆地移动网络	提供无线通信服务的公共移动网络，涵盖 2G、3G、4G 等技术
POS	Packet Over SDH	基于 SDH 的包交换	一种在 SDH 网络中承载 IP 业务的方式
PM	Phase Modulation	调相	一种调制技术，通过改变信号的相位来传输信息，常见于无线通信中
PS	Packet Switching	分组交换	一种数据传输方式，通过将数据切割成小的分组进行独立传输，优化带宽利用和灵活性
PSK	Phase Shift Keying	相移键控	一种数字调制技术，通过不同的相位来表示二进制数据，常用于无线通信
PSTN	Public Switched Telephone Network	公共交换电话网	传统的模拟电话网络，提供语音通信和传真等服务，逐渐被数字通信系统取代
PSU	Power Supply Unit	电源单元	提供设备稳定电源的硬件组件，在通信设备中至关重要
PTFE	Polytetrafluoroethylene	聚四氟乙烯	一种耐高温、耐腐蚀的塑料材料，广泛应用于电缆绝缘、无线通信设备等领域
PTN	Packet Transport Network	分组传送网	基于分组交换的网络，用于提供高速、灵活的数据传输，常用于数据中心和 IP 网络之间的连接
PTT	Push-To-Talk	按-讲	一种通信方式，用户按下按钮后可以开始语音通信，广泛应用于对讲机和某些移动通信应用中

续表十二

缩略语	英文全称	中文全称	注　释
Q			
QAM	Quadrature Amplitude Modulation	正交振幅调制	一种调制技术，通过改变信号的振幅和相位同时传输数据，广泛应用于无线通信、电视广播等
QoS	Quality of Service	服务质量	用于描述网络提供的服务质量，如延迟、带宽、丢包率等，确保应用和用户体验达到预期要求
QPSK	Quadrature Phase Shift Keying	正交相移键控	一种相位调制技术，通过四个相位来传输数据，比 BPSK 更高效
R			
RAN	Radio Access Network	无线接入网	无线通信网络中的一部分，负责将移动设备连接到核心网络，通常包括基站、天线和控制器等
RAT	Radio Access Technology	无线接入技术	无线通信中使用的技术标准，如 GSM、CDMA、LTE、5G 等
RB	Radio Bearer	无线承载	在无线通信中，指的是承载用户数据的无线信道
RLC	Radio Link Control	无线链路控制	在无线接入网络中，负责管理无线链路的控制协议，确保数据的可靠传输
RNC	Radio Network Controller	无线网络控制器	在 3G 网络中，负责控制和管理基站之间的协调，处理移动性管理和无线资源管理
RRC	Radio Resource Control	无线资源控制	LTE 和 5G 中的协议，负责管理无线接入的资源，包括连接的建立、维护和释放等
RRU	Radio Remote Unit	射频拉远单元	基站的一部分，负责信号的放大和转发，通常与 BBU 配合工作
1xRTT	1x Radio Transmission Technology	1x 无线电传输技术	一种基于 CDMA 的无线接入技术，用于 cdma2000 网络，提供语音和数据服务
S			
SAE	System Architecture Evolution	系统架构演进	LTE 网络中的系统架构，旨在提高数据传输效率、减少延迟并优化网络资源使用
SBA	Service Based Architecture	基于服务的架构	5G 网络中采用的一种架构模型，支持灵活的网络切片和按需服务的提供
SBI	Service Based Interface	基于服务的接口	5G 中不同网络功能单元之间通过 API 提供服务的接口，用于实现网络功能的交互
SC	Steering Committee	项目指导委员会	在标准化组织或技术项目中，负责决策、资源协调和指导的高级委员会

缩略语	英文全称	中文全称	注 释
SC-FDMA	Single Carrier Frequency Division Multiple Access	单载波频分多址	LTE 上行链路的多址接入技术，与 OFDMA 相比，具有更低的峰均比
SCMA	Sparse Code Multiple Access	稀疏码多址	5G 网络中的一种多址接入技术，利用稀疏编码提高频谱效率，支持大规模连接
SDH	Synchronous Digital Hierarchy	同步数字体系	一种广泛用于光纤通信中的数字传输协议，支持高速数据传输
SDMA	Space Division Multiple Access	空间分割多址	一种通过空间隔离多用户通信的技术，常用于蜂窝网络和卫星通信中
SDN	Software Define Network	软件定义网络	一种网络架构，通过中央控制软件动态管理网络资源和流量，简化网络操作
SDP	Software Defined Protocol	软件定义协议栈	一种通过软件动态配置和管理通信协议栈的技术，旨在提升网络灵活性
SGSN	Serving GPRS Support Node	GPRS 服务支持节点	在 GPRS 网络中，负责数据路由、认证和移动性管理的节点
SGW	Serving Gateway	服务网关	LTE 核心网中的一个网关节点，负责数据转发和用户平面的连接
SIC	Successive Interference Cancellation	串行干扰消除	一种信号处理技术，用于从多个信号中逐步消除干扰，提高数据解码的可靠性
SLA	Service Level Agreement	服务等级协议	服务提供者与用户之间达成的协议，定义服务的质量、可用性和责任等方面的条款
SMF	Session Management Function	会话管理功能	5G 核心网中的功能单元，负责管理用户会话的建立、维护和释放
SMS	Short Message Service	短消息服务	用于在移动设备之间传递短文本信息的通信服务，广泛应用于手机短信通信中
SNR	Signal-to-Noise Ratio	信噪比	衡量信号质量的重要指标，表示信号强度与噪声强度的比值，信噪比越高，通信质量越好
SRVCC	Single Radio Voice Call Continuity	单无线电语音呼叫连续性	在 LTE 网络中，确保语音通话在不同网络(如从 LTE 到 2G/3G)之间切换时不中断的技术
SSC	Session and Service Continuity	会话和服务连续性	在 5G 网络中确保用户会话和服务在不同网络切换中的连续性和无缝体验
SVN	Software Version Number	软件版本号	用于标识软件的版本，通常包括主版本号、次版本号和修订号，用于管理软件的更新与兼容性

续表十四

缩略语	英文全称	中文全称	注　释
T			
TA	Tracking Area	跟踪区	在移动通信中，指一个区域，网络通过它来管理用户设备的位置更新，便于处理漫游和接入
TAC	Type Allocation Code	类型分配码	用于移动通信网络中标识手机型号的代码，帮助网络识别和管理不同设备
TAC	Tracking Area Code	跟踪区代码	与 TA(跟踪区)一起使用，用于标识和区分不同的跟踪区
TACS	Total Access Communication System	全接入通信系统	一种早期的移动电话系统，主要用于英国，后来被 GSM 系统替代
TAF	Telecommunication Access Function	电信接入功能	在电信网络架构中，负责用户设备接入网络的功能模块
TAI	Tracking Area Identity	跟踪区标识	5G 网络中标识一个特定跟踪区域的唯一标识符，用于管理用户设备的位置
TB	Transport Block	传输块	LTE 和 5G 中用于数据传输的基本单位，承载网络数据的物理层单位
TDD	Time Division Duplex	时分双工	一种双工通信方式，利用时间分割将上行和下行信号分别传输，常用于 TD-LTE 网络
TDM	Time Division Multiplexing	时分复用	一种多路复用技术，通过时间分片将多个信号传输在同一信道上，常见于电话和广播系统中
TDMA	Time Division Multiple Access	时分多址	一种无线通信技术，通过时间分片分配信道，使多个用户能共享同一频带资源
TDS	Telecom Development Section	电信发展部门	负责推动电信技术标准化和发展方向的部门，通常属于电信行业的标准化组织
TD-SCDMA	Time Division Synchronous Code Division Multiple Access	时分同步码分多址	一种 3G 通信技术，结合了时分复用和码分复用技术，广泛应用于中国的 3G 网络
TIA	Telecommunications Industry Association	电信产业协会	美国的一个标准化和技术协会，致力于推动电信行业的技术进步和标准制定
TM	Transparent Mode	透明模式	在网络协议中，指不对数据进行任何修改的通信模式，允许数据原封不动地传输
TRX	Transceiver	收发信机	无线通信设备中集成发送和接收功能的设备，广泛用于基站、移动设备等
TSDSI	Telecommunications Standards Development Society, India	印度电信标准化发展协会	印度的电信标准化机构，负责推动印度本土和国际电信标准的制定

续表十五

缩略语	英文全称	中文全称	注　释
TSG	Technical Specification Group	技术规范部	在 3GPP 和其他标准化组织中，负责制定和协调技术标准的工作组
TSS	Telecom Standardization Section	电信标准部门	专门负责电信标准制定和实施的组织部门，通常属于国际电信联盟(ITU)等机构
TTA	Telecommunications Technology Association	电信技术协会	韩国的电信技术标准化和研发组织，致力于推动电信技术的创新与发展
TTC	Telecommunications Technology Committee	电信技术委员会	日本的电信标准化机构，负责制定和协调电信技术标准
U			
UBBP	Universal BaseBand Processing	通用基带处理	用于通信系统中的基带信号处理的硬件单元，通常支持多种通信标准
UDM	Unified Data Management	统一数据管理	5G 网络中的数据管理功能，负责管理用户的订阅信息、会话信息等数据
UDN	Ultra Dense Network	超密集组网	5G 网络中的一种部署方式，采用高密度基站来提高网络容量和覆盖范围，通常用于城市和人口密集区域
UE	User Equipment	用户设备	用户用于连接移动通信网络的终端设备，如手机、笔记本电脑等
UM	Unacknowledged Mode	非确认模式	一种数据传输模式，发送方不需要等待接收方的确认信号，适用于实时性要求高的场景
UMPT	Universal Main Processing & Transmission	通用主控传输	用于管理和控制多个通信信道的设备或模块，常用于集成通信系统中
UMTS	Universal Mobile Telecommunications System	通用移动通信系统	3G 通信标准，提供语音、数据和多媒体服务，支持高速移动数据传输
UPF	User Plane Function	用户平面功能	5G 核心网中的功能单元，负责数据转发和用户流量的处理
UPEU	Universal Power and Environment Unit	通用供电与环境单元	为通信设备提供稳定电源和环境管理功能的硬件单元，确保设备的正常运行
UpPTS	Uplink Pilot Time Slot	上行导频时隙	在 TD-LTE 系统中，用于上行链路的信号传输的专用时隙，帮助用户设备进行信号同步
uRLLC	ultra-Reliable Low Latency Communications	超高可靠低时延通信	5G 网络中的应用场景，提供低延迟和高度可靠的数据传输，广泛应用于自动驾驶、工业控制等领域
UTRA	Universal Terrestrial Radio Access	通用陆地无线电接入	3G UMTS 网络中的无线接入技术，提供语音、数据和视频等多媒体服务
UTRAN	UMTS Terrestrial Radio Access Network	UMTS 的陆地无线接入网	支持 UMTS 系统的无线接入网，提供高速数据传输和语音服务

续表十六

缩略语	英文全称	中文全称	注　释
V			
VCEG	Video Coding Experts Group	视频编码专家组	一个国际标准化组织，专注于视频压缩和编码标准的制定，主要推动 H.264、HEVC 等编码标准
VLR	Visitor Location Register	拜访位置寄存器	负责存储移动用户在漫游过程中临时信息的数据库，广泛应用于 GSM 和 UMTS 等网络中
VoLTE	Voice over LTE	基于 LTE 的语音通信	在 LTE 网络中提供语音服务的技术，通过 IP 数据包传输语音，提供高清语音质量
VoIP	Voice over Internet Protocol	基于互联网协议的语音通信	一种通过互联网传输语音的技术，广泛应用于 Skype、微信语音等通信服务中
VoNR	Voice over New Radio	基于 5G NR 的语音通信	在 5G NR 网络中提供语音服务的技术，通过 IP 数据包传输语音，提供高清语音质量
VR	Virtual Reality	虚拟现实	一种通过计算机技术创造的与现实世界互动的虚拟环境，广泛应用于游戏、教育和医学等领域
VSWR	Voltage Standing Wave Ratio	驻波比	用于衡量电磁波在传输线中反射程度的参数，通常用于无线通信天线系统的性能评估
VVC	Versatile Video Coding	多用途视频编码	下一代视频压缩标准，继 HEVC 之后的技术，提供更高的视频压缩效率，特别适用于 8K 视频等高分辨率应用
V2X	Vehicle-to-Everything	车联网	通过无线通信技术将车辆与其他车辆、交通设施、云端等连接起来，实现智能交通、自动驾驶等功能
W			
WAP	Wireless Application Protocol	无线应用协议	用于移动设备上的互联网应用协议，使移动设备能够访问网络资源
WCDMA	Wideband Code Division Multiple Access	宽带码分多址接入	3G 通信标准，提供高数据速率和更广的频谱范围，广泛应用于全球的移动通信网络
WDM	Wavelength Division Multiplexing	波分复用	一种光纤通信技术，通过不同的波长(频率)同时传输多条数据流，从而提高传输容量
WiMAX	Worldwide Interoperability for Microwave Access	全球微波互联接入	一种高速无线宽带接入技术，主要用于提供宽广范围的无线互联网接入
WMAN	Wireless Metropolitan Area Network	无线城域网	一种覆盖广泛区域(如城市)的无线网络技术，通常用于提供城市范围的互联网接入
WTSC	World Telecommunication Standardization Conference	世界电信标准大会	国际电信联盟(ITU)主办的全球电信标准化会议，讨论和制定电信技术的国际标准

参 考 文 献

[1]　周悦，马强. 移动通信入门[M]. 北京：电子工业出版社，2019.

[2]　魏红. 移动通信技术[M]. 北京：人民邮电出版社，2021.

[3]　王强，刘海林，李新. TD-LTE 无线网络规划与优化实务[M]. 北京：人民邮电出版社，2018.

[4]　汪丁鼎，景建新，肖清华，等. LTE FDD/EPC 网络规划设计与优化[M]. 北京：人民邮电出版社，2014.

[5]　ANDREAS E MOLISCH. 无线通信[M]. 2 版. 田斌，等译. 北京：电子工业出版社，2020.

[6]　陈爱军. 深入浅出通信原理[M]. 清华大学出版社，2018.

[7]　啜钢，王文博，常永宇，等. 移动通信原理与系统[M]. 2 版. 北京：北京邮电大学出版社，2020.

[8]　DHARMA PRAKASH AGRAWAL，曾庆安，谭明新译. 无线移动通信系统[M]. 4 版. 北京：电子工业出版社，2017.

[9]　周炯磐，庞沁华，续大我，等. 通信原理[M]. 3 版. 北京：北京邮电大学出版社，2008.

[10]　郎为民，陈哲，安海燕，等. 5G 技术性能指标研究[J]. 电信快报，2024.5：1-6.

[11]　王振世. 一本书读懂 5G 技术[M]. 北京：机械工业出版社，2021.

[12]　郭丽丽，管明祥，夏林中，等. 5G 无线网络规划与优化[M]. 北京：高等教育出版社，2022.

[13]　江林华. 5G NR 新空口技术详解[M]. 北京：电子工业出版社，2021.

[14]　朱雪田，王旭亮，夏旭，等. 5G 网络技术与业务应用[M]. 北京：电子工业出版社，2021.

[15]　IMT-2020(5G)推进组. 白皮书：5G 愿景与需求[R]. 2014.

[16]　IMT-2020(5G)推进组. 白皮书：5G 网络架构与设计[R]. 2016.

[17]　王霄峻，曾嵘. 5G 无线网络规划与优化[M]. 微课版. 北京：人民邮电出版社，2020.

[18]　3GPP TS 23.002. Network Architecture.

[19]　3GPP TS 23.207. End-to-End QoS Concept and Architecture.

[20]　3GPP TS 23.236. Intra-domain Connection of Radio Access Network (RAN) Nodes to Multiple Core Network (CN) Nodes.

[21]　3GPP TS 23.401. General Packet Radio Service (GPRS) Enhancements for Evolved Universal Terrestrial Radio Access Network (E-UTRAN) Access.

[22]　IMT-2030(6G)推进组. 白皮书：6G 网络架构展望[R]. 2023.

[23]　罗延，权伟，张宏科. 6G 关键技术标准化的思考与建议[J]. 中国工程科学，2023.25(6)：18-26.

[24]　谢峰. 6G 网络架构研究进展及建议[J]. 中兴通讯技术，2023.29(5)：28-37.